Metodologia da pesquisa qualitativa na saúde

Dados Internacionais de Catalogação na Publicação (CIP)
(Câmara Brasileira do Livro, SP, Brasil)

Canzonieri, Ana Maria
Metodologia da pesquisa qualitativa na saúde / Ana Maria Canzonieri. – 2. ed. – Petrópolis, RJ : Vozes, 2011.

Bibliografia

1ª reimpressão, 2018.

ISBN 978-85-326-3985-1

1. Pesquisa – Metodologia 2. Pesquisa de campo (Método educacional) 3. Saúde – Pesquisa 4. Saúde pública – Brasil 5. Serviços de Saúde – Administração – Brasil I. Título.

10-00961 CDD-362.1072

Índices para catálogo sistemático:
1. Saúde : Pesquisa de campo : Abordagem quantitativa : Bem-estar social   362.1072

Ana Maria Canzonieri

METODOLOGIA DA PESQUISA QUALITATIVA NA SAÚDE

Petrópolis

© 2010, Editora Vozes Ltda.
Rua Frei Luís, 100
25689-900 Petrópolis, RJ
www.vozes.com.br
Brasil

Todos os direitos reservados. Nenhuma parte desta obra poderá ser reproduzida ou transmitida por qualquer forma e/ou quaisquer meios (eletrônico ou mecânico, incluindo fotocópia e gravação) ou arquivada em qualquer sistema ou banco de dados sem permissão escrita da editora.

CONSELHO EDITORIAL

Diretor
Gilberto Gonçalves Garcia

Editores
Aline dos Santos Carneiro
Edrian Josué Pasini
Marilac Loraine Oleniki
Welder Lancieri Marchini

Conselheiros
Francisco Morás
Ludovico Garmus
Teobaldo Heidemann
Volney J. Berkenbrock

Secretário executivo
João Batista Kreuch

Editoração: Sheila Ferreira Neiva
Diagramação: Cecília Loos
Capa: Omar Santos

ISBN 978-85-326-3985-1

Editado conforme o novo acordo ortográfico.

Este livro foi composto e impresso pela Editora Vozes Ltda.

São muitas as pessoas com as quais muito aprendi para escrever este livro, entre elas estão os pacientes, os alunos, os amigos, os filhos, os familiares, os profissionais, os colegas de tantos ambientes de trabalho.

Em alguns me espelhei para concretizar essa obra.
Outros me deram inspiração e apoio.

Com os mais próximos dividi o trabalho da confecção para somar em aprendizado, pois foram eles que pacientemente leram, revisaram e contribuíram com opiniões, além do carinho.

E com alguém tão especial como o Cezar é que se deu o desfecho deste trabalho. Devido sua dedicação, ternura e revisão tão apurada é que pude completar este livro que retrata meu empenho no estudo da metodologia qualitativa em saúde.

Sumário

Apresentação, 9

Prefácio I, 13

Prefácio II, 15

Introdução, 17

1 O planejamento da pesquisa, 21

2 Etapas de definição da pesquisa, 25

3 Etapas de escolha da pesquisa, 37

4 Etapas de desenvolvimento da pesquisa, 73

5 Referências, 98

6 Recomendações importantes, 103

7 Processo de elaboração da pesquisa, 107

8 Experiências vividas, 117

Bibliografia consultada, 119

Índice, 123

Apresentação

*Por que o Metodologia da pesquisa qualitativa
na saúde prende nossa atenção?*

Ana Maria decidiu-se a empreender uma escolha que provoca certo movimento nos modos tradicionais, usuais e ajustados de pesquisar quando se problematiza e interroga um fenômeno na área do *cuidar* em saúde. Essa decisão implica revisão paradigmática dos procedimentos da pesquisa porque se busca encontrar adequação entre aquilo que é a interrogação que sustenta a pesquisa na particularidade da sua manifestação; implica também a qualidade do produto da investigação que fica subordinado à mediação da modalidade de pesquisa adotada em face da particularidade do que se quer conhecer e a que esse conhecimento se aplica. Portanto, uma solidariedade de interações complexas.

Apreender os fenômenos humanos na sua natureza própria, capturá-lo no seu movimento de mostrar-se e expor seu conteúdo sistematizando o conhecimento ali presente é uma tarefa que demanda um olhar experiente sobre o que se investiga apoiado em recurso metodológico de pesquisa.

Parecerá óbvia a afirmação da necessidade de uma metodologia de pesquisa se nos detivermos (para explicar essa obviedade) na tradição que representa a modalidade da pesquisa empírica experimental. Está claro para nós que não se trata de uma rejeição ligeira à tradição e aplicação das pesquisas empíricas experimentais quantitativas, mas um destaque para as diferenças das modalidades de pesquisa, em face do pesquisado, a fim de se poder chegar à natureza própria das coisas mesmas, e assim enraizar o conhecimento gerado ao que ele se destina. As diferenças na natureza das *coisas mesmas* iluminam o seu modo de investigar.

O enfoque funcionalista que sustentou e orientou o modo de pesquisar, e, no limite, foi predominante, baseou-se: na convicção de que os objetivos, os conceitos, os métodos das ciências naturais são autoaplicáveis às indagações científico-sociais-comportamentais. Baseou-se também na convicção de que o modelo de explicação utilizado pelas ciências naturais proporciona as normas lógicas na base das quais outras ciências, as humanas, as sociais e os campos de conhecimento decorrentes da interdisciplinaridade são avaliados. Igualmente, o enfoque funcionalista impôs muitas interpretações e investigações baseadas na lógica e na metodologia das ciências naturais, na convicção de que era preciso tornar a teoria *das humanidades* racional, expurgando os elementos metafísicos ideológicos, rechaçando os métodos filosóficos tradicionais, para adotar uma atitude mais objetiva e neutra, resultados esses alcançados pelos métodos científicos.

Admite-se assim que a ciência empírica experimental proporciona uma atitude neutra e oferece métodos que garantam um conhecimento não contaminado. Como tais métodos são uniformemente aplicados tanto aos fenômenos naturais como aos humanos, tais métodos, ao se introduzirem na investigação dos fenômenos do cuidar, nos revelam realmente o que ocorre nas situações do cuidar do acolher médico. Por dedução e na forma de universais se considera que o resultado das investigações são imediatamente aplicáveis, reduzindo o fenômeno do cuidar e toda sua complexidade às consequências dos postulados desta investigação, já que o demonstrado deve ocorrer na realidade.

A explicação nomológica dedutiva deve conter ao menos uma lei geral da qual combinada com alguma informação particular sobre as condições iniciais do fenômeno segue por via dedutiva o fato ou o evento explicado. Explicar algo é demonstrar que algo está apoiado em uma lei científica. Disso se conclui que o demonstrado deve ocorrer na realidade, isto é, nos modos como as coisas se manifestam na sua maneira de realização, e desde que haja as condições "A" logo "B".

Assim se justifica a crença de que a explicação de um evento e sua predição é simétrica. Explicando-se adequadamente um evento, temos condição de predizê-lo.

Assim é que se considera que o valor preditivo das teorias científicas é que lhe confere o seu interesse prático. A teoria guia a prática ao formular predições. Sob predições admite-se a possibilidade de manipular certo conjunto de variáveis para controlar acontecimentos de tal modo que se obtenham os fins desejados e se eliminem as consequências indesejáveis. Nesse contexto explicativo, atendendo-se aos ideais normativos e explicativos e de predição, a teoria proporciona os fundamentos que permitem tomar decisões racionais. O cuidar seria, nesse contexto explicativo, somente uma ciência aplicada parecendo que subitamente excluímos os entes ali envolvidos e que solidariamente compartilham da configuração dos modos como estão ligados uns aos outros os elementos daquilo que se observa.

A fixidez nos propósitos ao se investigar e a não consideração daquilo que se mostra ao longo da experiência com o fenômeno investigado que expõe e anuncia outras alternativas limita a construção dos resultados abortando/paralisando a ocorrência do aparecimento de alternativas explicativas e descritivas para compreensão adequada atual do que se investiga.

Não é difícil reconhecer as consequências principais da adoção de *ciência aplicada* ao fenômeno do cuidar.

Os *investigadores puros* perseguem um saber objetivo, o mesmo das ciências naturais, por meio da indagação científica. Razão pela qual preferem distanciar-se das decisões acerca do como as descobertas que realizam podem afetar a prática educativa de formação médica, por exemplo.

A opção de Ana por apresentar a modalidade de pesquisa qualitativa para desbastar e sistematizar o sentido do cuidar conforme essa alternativa, como se poderá observar no seu texto, afasta-se da exigência da precisão antecipada do conceito. O horizonte da não antecipação nos aponta para *o onde o lugar* no qual o cuidar possa ser compreendido. Esse cuidar compreendido na sua permanência/impermanência, na singularidade/pluralidade da sua manifestação ultrapassa a insuficiência da colagem direta das descrições das ciências em geral ao fenômeno do cuidar exigindo para sua sistematização, e em virtude da sua natureza, outro modo de investigar. Ademais, um desafio impõe uma mudança nos modos de articular o pensamento, já que se trata de um *pensar pensante que se dá no movimento* crítico e criativo e não do *pensar o pensado*.

O *Metodologia qualitativa na área da saúde* por certo, e pelo modo como cuidou das diferenças dos fundamentos entre a pesquisa qualitativo-quantitativo, explicitou a lógica da pesquisa qualitativa sua consistência, ao que ela se aplica, o que ela é capaz de produzir. A precisão dos termos aplicados no texto será um valioso material de estudo para aqueles que reconhecem, em virtude da singularidade da sua interrogação, a insuficiência de outra modalidade de pesquisa para descrever e explicar aquilo que se investiga.

Maria Anita Viviani Martins
Pontifícia Universidade Católica de São Paulo

Prefácio I

Prefaciar este livro é um prazer e um desafio. Por quê? Porque eu faço parte do lado não qualitativo da Ana Maria.

Com formação médica clássica, e não trabalhando na área de saúde mental (*lato sensu*), é fácil compreender que ao iniciar a carreira de orientador de uma pesquisa qualitativa entrava num labirinto. Acredito que saímos todos bem, após muito esforço, idas e vindas, e persistência inabalável.

Acredito que, por outro lado, a pesquisadora qualitativa aprendeu que o rigor metodológico, a honestidade nos métodos e na análise dos resultados são patrimônio da ciência, e não de uma linha filosófica. O resultado final agrada a gregos e troianos, o que não é pouco.

Neste livro, Ana Maria consegue colocar, quase quantitativamente, os passos requeridos para que a pesquisa qualitativa seja compreensível, mesmo aos não iniciados, e, com isto, acrescenta uma ferramenta de extrema utilidade à pesquisa. Que novas aventuras conjuntas surjam deste primeiro passo.

Saúde e sucesso

Daniel Feldman
Professor-adjunto da Disciplina de Reumatologia
Unifesp-EPM

Prefácio II

Há muitos anos, trabalhava para uma empresa brasileira de serviços muito ativa, e seus dirigentes, filhos do fundador, executivos modernos e arrojados, eram também corredores de Hally , com seus jipes estilosos. Com a chegada da tecnologia, o GPS (Global Positioning System) surgia como um equipamento inovador, que identifica seu *status* com ajuda de satélite e torna sua localização, tempo de viagem, percurso, toda a rota muito precisos. Antes de haver o GPS, entretanto, já havia a figura do navegador, que então se valia de mapas, bússola, rádio amador e muito faro. Ele é o copiloto, e é tão importante quanto um bom piloto. Chega primeiro a equipe integrada entre a exploração do piloto e a navegação orientadora do seu parceiro.

A metodologia científica equivale a este roteiro monitorado. Um conjunto de modelos reconhecidos academicamente, aceitos em revistas científicas, ou por centros de estudos formais no mundo inteiro. Visa assegurar que os experimentos humanos são ratificáveis e que as conclusões de estudos científicos são confiáveis, replicáveis, sérias.

Em minha jovem carreira como cientista do comportamento, me debati com padrões obsoletos, incompletos, ou apenas formais, mas que não tornavam o conhecimento, de fato, tão evidente quanto conferiam uma imagem "oficial", pouco profunda, e, pior, aceita por todos rapidamente, por conta do selo "cientificamente provado".

Com este livro, Ana Maria Canzonieri vem a cobrir uma lacuna importante, a qual nos oferece uma ponte valiosa: o conhecimento de fato, associado à metodologia científica de documentação e apresentação de experimentos científicos. Sem infantilizar os conteúdos, nem tampouco desqualificar os indicadores formais que nos protegem do empirismo puro, o livro *Metodologia da pesquisa qualitativa na saúde* é uma boa notícia para os pilotos da ciência: temos agora um navegador confiável, bem estruturado e surpreendente na capacidade de orientar-nos para ousadia, com disciplina e método. Elucidativo, este livro guiará amantes da ciência com a raríssima oportunidade de adotar o rigor formal, desejado em qualquer comunidade científica madura, com a alma imoral, disposta a relacionar, quântica, e não apenas cartesianamente, os eventos e suas relações e efeitos. Esse livro é o portal para geração do conhecimento científico moderno, e está para o GPS como o paradigma de metodologia anterior estava para a bússola.

Com Ana Maria Canzonieri ao seu lado, suas descobertas por entre as montanhas, mares e novas terras da ciência serão mapeadas, registradas e reconhecidas, permitindo uma viagem segura, precisa, científica e poética para experiência humana.

Dra. Claudia Riecken
DHE Design Human Engineering
Chair Person
Quantum Assessment

Introdução

Minha experiência em metodologia
qualitativa em pesquisa na área da saúde

A minha experiência em utilizar a metodologia qualitativa em pesquisa na área da saúde foi gratificante, me fez enfrentar o "medo" em ser criticada por profissionais desta área, que não concebem este tipo de pesquisa como científica.

Quando abordo o "medo" de enfrentar as críticas, falo também de minha incompreensão sobre o assunto, o que gerava insegurança. À medida que compreendi minha escolha, senti-me segura com a pesquisa e pude usar a metodologia qualitativa com mais segurança enquanto pesquisadora.

Entendi que, também, há razões para as críticas e que estas razões nascem na apresentação da pesquisa, pois a metodologia qualitativa requer métodos próprios e apresenta dados subjetivos, o que não deve representar falta de informação, mas uma escrita específica que descreva o fenômeno estudado, incluindo as observações do pesquisador e os dados considerados subjetivos.

Todos os procedimentos devem ser descritos com clareza, para que o leitor acompanhe virtualmente as etapas do processo.

Quando o leitor não consegue acompanhar o processo por falta de clareza e de informações sobre a pesquisa, ele fica com a impressão de que os dados são superficiais e sem valor.

A diferença entre a metodologia qualitativa e quantitativa está na concepção e no direcionamento da pesquisa. Não se pode pensar que a metodologia qualitativa é a melhor escolha por não querer trabalhar com dados estatísticos, por ser uma alternativa ou complementaridade à metodologia quantitativa.

Na pesquisa qualitativa a descrição dos fenômenos deve possibilitar ao leitor uma postura analítica e crítica para que compreenda os dados subjetivos como de suma importância por serem informações.

Para realizar uma pesquisa com metodologia qualitativa a primeira ação é entender o motivo da escolha por esta modalidade:

O que me motiva a fazer esta pesquisa?

Que elementos me levam a buscar isto?

O porquê da escolha por esta metodologia?

Enquanto pesquisador tenho que identificar o que quero saber, qual a minha intenção com a pesquisa e só assim poderei escolher qual a melhor metodologia. Há situações específicas para o uso da pesquisa qualitativa e outras para a aplicação da pesquisa quantitativa.

A pesquisa que se utiliza da metodologia qualitativa deve ser uma escolha em função do que se quer pesquisar e não uma alternativa para aquilo que não se quer fazer. A pesquisa qualitativa visa o "para quê" e não o "porquê".

Creio que estes descuidos fazem com que muitos pesquisadores não considerem a pesquisa qualitativa científica, pois os motivos da escolha pela pesquisa não se tornam claros e objetivos, dificultando o acompanhamento mentalmente da técnica durante a leitura.

Na pesquisa de metodologia qualitativa os recursos a serem usados são diferentes dos recursos da pesquisa de metodologia quantitativa. Na primeira, posso me permitir à escolha do sujeito, do campo e dos métodos. Para a segunda, a intenção está em realizar uma pesquisa que me permita responder a uma hipótese previamente formulada. Não há escolha do sujeito, nem do campo de ação, há um desenho baseado na hipótese que me direciona para um determinado campo que possui o sujeito, que deve ser objeto da pesquisa. O contexto do método quantitativo traz dados estatísticos que me levarão a confirmar ou não a hipótese.

O único objetivo para se usar a metodologia qualitativa deve ser a escolha mais adequada para o desenho da pesquisa a ser realizada.

Minha escolha por uma metodologia científica foi a "qualitativa", por isto este livro busca tornar claras e simplificadas as explicações para a realização de pesquisa com uso desta modalidade na área da saúde, sem perder todo o rigor técnico e consistência que envolvem sua elaboração, ao que ela se aplica e ao que é capaz de produzir, cuja contribuição é muito significativa, pois traz a visão e posição do paciente enquanto sujeito da experiência.

Quero com este livro atingir o público-alvo iniciante em metodologia qualitativa, a fim de entusiasmá-lo a pesquisa sem a perda do rigor, mas desmistificando as dificuldades e transformando-as em processo lógico e organizado para que o pesquisador conceba o prazer em pesquisar.

1

O PLANEJAMENTO DA PESQUISA

A elaboração de um projeto de pesquisa, seja ele um TCC, uma monografia, uma dissertação ou tese, necessita de um planejamento adequado para atingir resultados satisfatórios.

Isto implica escolha correta da metodologia, dos métodos e na manutenção dos procedimentos; reflexões conceituais sólidas e alicerçadas em uma revisão literária; envolvimento, habilidade e conhecimentos preexistentes do pesquisador na área a ser pesquisada e no contexto geral de vida.

Nenhuma pesquisa é totalmente controlável ou previsível. Ao se adotar uma metodologia o pesquisador está escolhendo um caminho por onde trilhar, e o percurso nem sempre é de fácil acesso, mesmo com instrumentos adequados para exercitar a caminhada. O que contribui para o sucesso não são apenas as regras, mas também a capacidade criativa do pesquisador para ultrapassar os obstáculos.

Pode-se dizer que a metodologia é a possibilidade de caminho que se apresenta: qualitativa ou quantitativa; a pesquisa é a exploração do caminho; método é como se procede a sua exploração.

Costumo colocar este *slide* em minhas aulas, para ilustrar aos alunos a escolha do caminho e do método de exploração do caminho para a realização da pesquisa.

Ilustr. 01

Como exploração do caminho, a pesquisa representa a construção do conhecimento de acordo com as normatizações científicas. A pesquisa é um conjunto de ações sistematizadas que visa encontrar a solução para um problema. É um processo de combinação entre teoria e fatos. É um procedimento científico para "descobrimentos", a fim de se obter "verdades" que sirvam de apoio às ações dos pesquisadores.

Na pesquisa qualitativa, a busca é compreender um fenômeno específico em profundidade, por isso a realidade é construída a partir do próprio estudo. Cabe ao pesquisador observar, analisar, decifrar e interpretar significações dos sujeitos do estudo, e não apenas em descrever fatos ou comportamentos. O processo e seu significado são os principais focos dessa modalidade de pesquisa.

Como características da pesquisa qualitativa temos a interação do pesquisador com o sujeito pesquisado; a valorização de todos os fenômenos que se apresentam durante a pesquisa (percepções, gestos, silêncio, entre outros); a intencionalidade na escolha do sujeito, presença da subjetividade e um processo que não requer o uso de métodos estatísticos.

Para realizar uma pesquisa, que obedeça aos critérios científicos pressupõe-se a existência de um problema a ser investigado em uma área específica que envolva um tema em questão, a elaboração de um plano de trabalho, a execução operacional e um relatório final que seja apresentado de forma ordenada, lógica e conclusiva. Isto representa um processo metodológico.

1 Fases do planejamento da pesquisa científica

a) **Definição**: delimitação do problema, escolha do tema.

b) **Escolha**: tomada de decisão quanto ao uso da metodologia e do método adequado para a execução da pesquisa, elaboração de um plano de trabalho.

c) **Desenvolvimento**: organização e escrita das ideias de forma sistematizada visando à solução do problema.

2 Teoria do conhecimento

A relação que se estabelece com o mundo exterior acontece mediante processos emocionais, intuitivos, sensoriais, empíricos e racionais. O conhecimento se processa pelo estabelecimento de uma relação entre um objeto e a sua representação na mente.

A evolução do homem ocorre em função da organização das representações concretas e abstratas do intelecto, por meio do pensamento, de maneira ordenada e sistemática e da capacidade de cognição.

A teoria do conhecimento se propõe a estudar os problemas fundamentais e se divide em:

a) **Gnoseologia**: do grego *gnôsis* (conhecimento) e do latim *logo* (estudo, tratado). Estuda a essência do conhecimento, conhecer a realidade, as origens do conhecimento, compreende a busca da *verdade* e dos critérios que estabelecem o conhecimento.

b) **Epistemologia**: do grego *epistéme* (ciência) e do latim *logo*. Estuda a validade do conhecimento científico.

c) **Metodologia:** do grego *méthodos* (ao longo da via, do caminho; organização do pensamento) e do latim *logo*. Estuda os meios ou métodos de investigação do pensamento.

Metodologia científica são etapas ordenadas do processo de pesquisa; isto inclui a escolha do tema, o planejamento da investigação, o método, a coleta e a análise de dados, a análise dos resultados, a elaboração das conclusões e a divulgação de resultados. É o suporte científico para a estruturação de uma monografia, dissertação de mestrado ou tese de doutorado.

2.1 Ciência

A palavra "ciência" vem do latim *scientia*, que significa conhecimento.

A ciência enquanto conhecimento compreende o "todo"; portanto, dados objetivos e subjetivos. É o pesquisador quem escolhe a forma de obter esses dados adequadamente.

Não há um consenso da classificação das ciências. Sua elaboração é feita por diferentes pensadores e estudiosos.

Exemplo

Ciências formais lógicas estudam ideias
{
Lógica
Matemática

Naturais estudam as reações dos processos de vida
{
Física
Química
Biologia

Sociais estudam a inserção de homem no meio
{
Economia
Sociologia
Direito
Antropologia cultural
Psicologia

2

ETAPAS DE DEFINIÇÃO DA PESQUISA

A pesquisa científica é um processo que envolve um planejamento e uma execução sistematizada, desenvolvida por meio de procedimento reflexivo, analítico e crítico que traz resposta ao "problema".

Etapas que compreendem o desenvolvimento da pesquisa são:

1 Escolha do tema

O tema representa a área de interesse de um assunto que se deseja compreender, estudar, pesquisar ou desenvolver.

Escolher um tema significa delimitar um universo de possibilidades, restringindo-o a um assunto a ser desenvolvimento na pesquisa.

A definição do tema surge do interesse do pesquisador em descobrir, desvendar ou resolver uma questão que lhe foi aguçada pela sua observação do cotidiano, da vida profissional, do programa de pesquisa que está envolvido, do contato com o meio, de *feedback* de pesquisas ou de estudos da literatura.

O tema é um norteador para a definição do tipo de pesquisa a ser escolhida. Temas pouco explorados causam dificuldades de pesquisa, mas não a impossibilitam se houver viabilidade para a execução.

A pergunta a ser respondida nesta etapa por você é:

• O que eu pretendo conhecer com esta pesquisa?

Exemplo

Tema: Atendimento médico a pacientes com fibromialgia.

Definido o tema, a etapa seguinte é realizar uma busca na literatura e analisar as publicações.

A revisão de literatura deverá proporcionar-lhe maiores informações sobre o assunto e fornecer subsídios para o desenho da pesquisa.

A importância do planejamento está em direcionar o pesquisador para a resposta ao "problema", pois em função da quantidade de informação existente a tendência é a má administração de tempo e, com isto, diminuição da concentração de esforços naquilo que realmente é importante e responde à pesquisa.

1.1 Orientador

Normalmente, a escolha do tema de uma pesquisa está relacionada à linha de pesquisa do orientador.

Na área da saúde, o comum em pesquisas é a metodologia quantitativa, por isto a opção pela metodologia qualitativa requer que o orientador seja um conhecedor experiente, pois todo o encaminhamento da pesquisa deve seguir regras claras do método escolhido para se tornar científica, compreensível e aceita.

Uma das críticas feitas pelo universo acadêmico é a falta de compreensão e de clareza dos escritos oriundos da metodologia qualitativa, na área da saúde, gerando uma dificuldade em aceitá-la como científica.

Sempre que necessário, tenha um co-orientador para as questões específicas da metodologia qualitativa. A escrita deve ser explicativa e fazer com que o leitor viaje mentalmente e acompanhe o processo da pesquisa. Quanto maior for a compreensão por parte do leitor, maior será a aceitação do método.

1.2 Pesquisador

O pesquisador na modalidade quantitativa não faz parte da relação, porém na pesquisa de modalidade qualitativa ele é parte integrante. É da máxima importância que ele saiba sobre seu papel e domine o assunto pesquisado, pois o modo como atuará enquanto pesquisador poderá afetar a pesquisa e o sujeito pesquisado.

Muitas vezes a relação entre pesquisador e pesquisado se torna complexa pela diferença entre o universo sociocultural de ambos. A experiência do pesquisador, neste caso, será um diferencial para saber lidar com esta situação e ultrapassar as barreiras, enxergando o outro como ele é, e desenvolvendo a capacidade de escuta e de diálogo.

Alguns atributos necessários para o pesquisador são: a curiosidade, criatividade, intuição e sensibilidade para perceber o sujeito e o fenômeno como eles se apresentam.

Turato (2003) aborda a importância da atuação do pesquisador na metodologia qualitativa, pois seu estado mental, sua atitude frente ao entrevistado, seu grau de conhecimento sobre o assunto, sua experiência de vida como pessoa e profissional influenciará no *setting* (o contexto do ambiente delimitado para o encontro).

Os pesquisadores positivistas fazem uma crítica à metodologia qualitativa, inferindo dúvidas quanto aos procedimentos e resultados, devido à referência de sentimentos e de proximidade entre pesquisador e pesquisado. Deve-se lembrar que a riqueza da pesquisa qualitativa está no desvelar do "subjetivo" e não na métrica. Estes pontos divergentes de opinião ocorrem em função da diferença proposta por cada metodologia, porém não podem se tornar pontos de valorização da pesquisa. A riqueza está na diversidade.

Quando a metodologia qualitativa é escolhida com clareza e em comum acordo entre pesquisador e orientador, e quando relata e retrata as ocorrências e o fenômeno, as dúvidas deixam de existir facilitando o processo de validação da pesquisa.

A postura do pesquisador que atua na coleta de dados diretamente com o sujeito pesquisado deve ser o mais empática possível, pois requer que o sujeito se sinta à vontade e confiante para fornecer as informações necessárias. Ter este grau de aproximação não significa falta de ética. A aproximação é requisito necessário para a investigação, porém o limite de ação do pesquisador é dado por sua atuação profissional.

O pesquisador, de acordo com sua atitude, pode favorecer ou impedir que a relação entre ele e o sujeito transcorra espontaneamente. Ele sempre deve ter em mente que a situação que envolve ambos tem significações completamente diferentes, por isso deve se colocar de forma a inspirar segurança na relação. A ética está justamente na postura correta, adequada e assertiva do pesquisador.

A experiência e o referencial teórico de um pesquisador são os elementos pelos quais ele norteará a visão sobre a realidade e a relação com o sujeito pesquisado.

Quero deixar aqui uma visão pessoal que considero importante e percebo que nos esquecemos, enquanto profissionais, pesquisadores, professores e alunos, que é a chamada "intuição", palavra esta da qual fugimos para não nos sentirmos num mundo abstrato.

Parece que falar sobre intuição é proibido, é algo secreto que pertence a seres paranormais. Intuição, acima de tudo, como descreveu Jung, é uma função psíquica, faz parte da estrutura de desenvolvimento humano.

O homem tem a intuição como pertinente a ele, mas por falta de compreensão passa a ignorá-la, porque não pode explicá-la de uma forma mensurável e concreta.

O que eu quero dizer com isto é:

• Pesquisador, não fuja de sua intuição, saiba ouvi-la quando está escrevendo, quando está em campo, quando está se relacionando com o sujeito pesquisado, decidindo algo importante para a pesquisa. Faça isso sempre!

Entenda também que às vezes um momento de parada não significa desistência, mas um *stand by* necessário, ditado pela intuição. Escolha qual é o momento certo para apresentar seu trabalho ao universo científico, sinta-se preparado e com certeza estará pronto para realizar a sua entrega.

Ouvir a intuição e realizar uma interrupção nos escritos é diferente de apresentar dificuldade em escrever.

A dificuldade em escrever pode ocorrer por falta de hábito, insegurança, despreparo ou pelo tempo apertado para terminar a pesquisa, pois não houve uso adequado do tempo ou ocorreram falhas no planejamento estratégico. Nestes casos, deve-se buscar ajuda especializada para cada situação, buscar a opinião do orientador, um grupo de estudo, um professor de português ou de outro idioma para auxiliá-lo. O que não pode e não deve acontecer é o desespero.

A desistência pode representar insegurança, quando não se está preparado para lidar com o posicionamento de pesquisador que o ato de realizar uma pesquisa pede. Porém, em algumas situações parar, desistir ou *stand by*, pode representar um limite do próprio pesquisador. Em quaisquer casos recorra à ajuda do orientador, de profissionais mais experientes. Vá, enfrente! Persista! Pode até ser difícil fazer uma pesquisa, mas é tão gratificante chegar ao final, que vale a pena. Mas, não se esqueça, peça auxílio sempre que precisar.

Quero fazer um comentário que acredito ser fundamental: Ultimamente, tenho percebido o aumento de participações em vários congressos na área da saúde de pesquisadores que utilizam a metodologia qualitativa em seus trabalhos e verifiquei que nem todos estão tão certos ou seguros daquilo que estão fazendo enquanto metodologia.

Quando estamos inseguros ou influenciados por opiniões, demonstramos esse sentimento pelas nossas atitudes, em nosso comportamento, em nossa voz, e até mesmo na hora que terminamos a apresentação do trabalho, expressando com um jeito meio tímido: Bem, é isso!

Que tal terminar a apresentação com um agradecimento entusiasta?

Pense nisto!

2 Formulação do problema

Problema é a questão não solvida para qual se deseja buscar um tratamento, uma solução, uma resposta; portanto, todo o processo de pesquisa gira em torno da solução do problema.

Existem pontos importantes a serem avaliados para a formulação do problema, são eles:

- O problema é original?
- O problema é relevante?
- Quais as possibilidades reais para executar tal pesquisa?

• Quais os recursos financeiros existentes que viabilizarão a execução da pesquisa?

• Qual a viabilidade para a realização da pesquisa?

Exemplo

Assunto: Fibromialgia.

Tema: Atendimento médico a pacientes com fibromialgia.

Problema: Como se dá o atendimento médico? Como o médico compreende o atendimento ao paciente com fibromialgia?

Toda pesquisa tem um problema. Como formulá-lo e como tratá-lo é o que se modifica em função da escolha da metodologia de pesquisa. E a escolha da metodologia só se dará após ter se formulado o problema. É necessária a clareza sobre o que quero compreender/pesquisar para saber como buscar a resposta.

Exemplo

Observava o atendimento médico ao paciente com fibromialgia, quando acompanhava o ambulatório e realizava atendimento psicológico ao grupo de fibromiálgicos, ouvia as queixas da família, dos médicos e do paciente.

Problema: Entender como o médico compreendia esse tipo de atendimento.

A metodologia mais adequada neste caso seria a qualitativa, porque a ideia era identificar um fenômeno: o atendimento médico ao paciente com fibromialgia.

As decisões metodológicas devem ser decorrência do problema formulado e este sofre a influência do referencial teórico do pesquisador; portanto, quaisquer tentativas de confronto entre métodos e técnicas de pesquisa são desnecessários; o que tem relevância são os objetivos para a solução do problema e a capacidade de explicação obtida com o referencial teórico.

3 Título do trabalho

Título é o nome que o trabalho recebe e que deve exprimir a intenção da pesquisa e deve conter a variável dependente e a variável independente, no caso da abordagem quantitativa, e na qualitativa deve tornar explícita a sua intenção.

Exemplo para pesquisa qualitativa

Título: A compreensão do residente médico, em reumatologia, no atendimento ao paciente com fibromialgia.

Ao ler este título tenho a clara ideia do que encontrarei ao ler essa pesquisa.

3.1 Variáveis

São características que são medidas, controladas ou manipuladas em uma pesquisa.

a) **Variável dependente**: representa mudanças, resultado, medidas. São condições ou características que mudam com a introdução de variáveis independentes. São medidas ou registradas.

b) **Variável independente**: representa o método, as condições ou características dos fenômenos observados. São aquelas que são manipuladas.

Exemplo para pesquisa quantitativa

Título: Efeito de um antimicrobiano na microbiota duodenal e na evolução clínica de lactentes hospitalizados por diarreia aguda persistente.

VD: de lactentes hospitalizados por diarreia aguda persistente.

VI: Efeito de um antimicrobiano na microbiota duodenal e na evolução clínica.

4 Revisão inicial de literatura

Este é o primeiro momento de busca de informações na literatura; é a fase inicial que deseja saber quais os autores que já publicaram sobre o assunto, quais aspectos foram abordados e quais as lacunas existentes nos trabalhos realizados. Assim, se evitará a duplicação do assunto com o mesmo enfoque e também norteará o planejamento da futura pesquisa.

É importante redefinir o projeto inicial sempre que necessário.

Exemplo

Verificou-se que não havia pesquisas que demonstrassem a compreensão do atendimento médico ao fibromiálgico e que a existência de pesquisas com modalidade qualitativa em saúde era pequena, mas que não inviabilizava a pesquisa.

5 Projeto de pesquisa

A elaboração e o desenvolvimento de um projeto de pesquisa necessitam de:

• Um planejamento adequado.

• Escolha correta da metodologia, dos métodos e a manutenção dos procedimentos.

• Reflexões conceituais sólidas e alicerçadas em uma revisão literária.

• Envolvimento, habilidade e conhecimentos preexistentes do pesquisador na área a ser pesquisada e no contexto geral de vida.

É uma etapa preliminar no processo de elaboração e execução da pesquisa, faz parte de um planejamento estratégico.

1 Tema

2 Título

3 Justificativa

4 Objetivos

5 Métodos

6 Cronograma

7 Custos – orçamento

8 Referências bibliográficas

Exemplos de trabalhos científicos

1 Trabalho didático: relatório.

2 Resumo de texto: apresentação sucinta do assunto, respeitando as ideias do autor e, finalmente, indicação das conclusões do texto em estudo.

3 Resenha: é uma síntese descritiva de uma obra, incluindo comentários críticos e interpretativos.

4 Artigo científico: tem uma estrutura normatizada semelhante à do trabalho científico, porém em menor dimensão na quantidade de laudas escritas, e segue uma padronização das revistas científicas.

5 Trabalho científico: é a divulgação da produção científica de forma escrita e normatizada:

a Monografia – escrito de um só assunto;

b Dissertação – grau de mestre: pesquisa, não precisa ser original;

c Tese – grau de doutor: pesquisa precisa ser original;

d TCC (trabalho de conclusão de curso): trabalho para a finalização da graduação ou curso de especialização, e o tipo de trabalho é decidido pela instituição de ensino (monografia, artigo, entre outros).

6 Comunicação científica – apresentação sucinta do trabalho científico em congressos, seminários ou simpósios, sendo o órgão promotor do evento que estabelece as regras e formas da comunicação.

3

Etapas de escolha da pesquisa

1 Desenho metodológico

- Qual o desenho da pesquisa?

- Qual metodologia deve ser adotada?

1.1 Quantitativa

A palavra quantidade tem origem no latim com a palavra *quantitate*, de *quantus*, que indica "quanto".

É a modalidade usada quando o desenho da pesquisa está direcionado para responder à pergunta "quantos?", feita pelo pesquisador, por meio de dados numéricos matemáticos, estatísticos, a fim de apresentar comparações entre populações, procedimentos, entre outros.

O uso da linguagem matemática ou estatística confere segurança para provar uma realidade frente às hipóteses formuladas. O objetivo é revelar dados, indicadores e observações, que promovam medidas confiáveis, generalizáveis e sem vieses.

Requer uma descrição e análise objetiva da experiência, por isso a postura do pesquisador deve tomar distância frente ao objeto pesquisado.

É a busca de um "porquê", e requer a explicação para um fato e preocupa-se com as causas de sua ocorrência.

1.2 Qualitativa

A palavra qualidade tem origem no latim com a palavra *qualitate*, de *qualis*, que indica "qual o tipo".

É a modalidade usada quando o desenho da pesquisa está direcionado para responder à pergunta "qual?", que é feita pelo pesquisador por meios descritivos oriundos de observações, entrevistas, coletas de dados, entre outros que explicitam o pensamento do sujeito ou o fenômeno, enquanto objeto da pesquisa.

A pesquisa qualitativa busca entender o contexto onde o fenômeno ocorre, delimita a quantidade de sujeitos pesquisados e intensifica o estudo sobre o mesmo. Sua pretensão é compreender, em níveis aprofundados, tudo que se refere ao homem, enquanto indivíduo ou membro de um grupo ou sociedade. Por isso exige observações de situações cotidianas em tempo real e requer uma descrição e análise subjetiva da experiência.

É a busca da compreensão de "como" ocorrem os fenômenos. Preocupa-se em compreender e se refere ao mundo dos significados e do simbolismo.

A modalidade qualitativa tem cinco pilares importantes para que seja a escolha enquanto desenho da pesquisa científica. São eles:

a) A busca da compreensão, da significação do fenômeno em si mesmo.

b) O sujeito é o objeto da pesquisa, não há variáveis ou comparações entre grupos, há a significação dada pelo sujeito ou grupo.

c) O pesquisador faz parte do processo de pesquisa, suas observações, manifestações, percepções e conhecimentos sobre o tema pesquisado são de extrema importância e relevância para a realização da pesquisa. É de extrema importância ressaltar que depende do rigor da intuição e da habilidade do pesquisador em manusear técnicas e recursos para retratar o fenômeno; a autoridade do pesquisador também se manifesta pela circunstância de que aquilo que ele pesquisa e investiga faz parte de seu mundo, o que certamente abarca o conhecimento operativo e o científico.

d) A metodologia qualitativa trata exclusivamente de significados e processos e não de medidas; os resultados são apresentados de forma descritiva, explicativa e não numérica.

e) A validade ocorre por intermédio da descrição precisa da aproximação do pesquisador com o fenômeno.

f) A generalização se torna possível a partir da construção do conhecimento; leva a pensar, a refletir sobre os dados encontrados. O fenômeno pesquisado revela algo que instiga o pesquisador para a busca de novos conhecimentos.

Uma mesma pesquisa científica pode fazer uso dos dois desenhos e consequentemente utilizar vários métodos ao mesmo tempo, porém se faz necessária a obediência aos requisitos e clareza na explicação de cada processo, de cada metodologia em separado, respeitando os propósitos das escolhas.

Lembrando que a escolha não deve ser aleatória ou eliminatória, mas adequada àquilo que se deseja investigar para a obtenção de respostas ao problema levantado.

Usar dados numéricos não demonstra que a pesquisa é quantitativa. E descrever um fato ou fazer uma entrevista aberta não quer dizer que isto represente uma pesquisa qualitativa. O que também não significa que misturar dados numéricos e descrevê-los seja uma pesquisa quali-quanti (nome atribuído indevidamente, segundo alguns pesquisadores).

A proposta qualitativa e quantitativa deve estar clara no trabalho cientíífico e o pesquisador deve ter em mente a dificuldade para realizá-la.

A pesquisa qualitativa tem uma proposta e métodos apropriados para ser descrita, da mesma forma que a pesquisa quantitativa.

A pesquisa qualitativa na área da saúde também recebe a denominação de pesquisa clínico-qualitativa. Segundo Grubits e Noriega (2004), essa apresentação foi feita pela Revista Portuguesa de Psicossomática, em 2000, como uma proposta de concepção científica para conhecer e interpretar as significações de natureza psicológica e psicossociais do sujeito pesquisado pela equipe de saúde no fenômeno saúde-doença.

A importância da pesquisa clínico-qualitativa está na complementação das informações do paciente/cuidador, pois capta as nuances das percepções, as significações dos sujeitos, o que possibilita uma maior compreensão da doença, do doente, do cuidador, do tratamento, da comunidade e das propostas futuras para novas pesquisas qualitativas e/ou quantitativas.

2 Métodos científicos

Método científico é a linha de conduta seguida pela pesquisa; é o que proporciona as bases da investigação e possibilita ao pesquisador seguir um pensamento filosófico para embasar a pesquisa.

A escolha por um método depende de vários fatores, entre eles, a natureza do objeto que se pretende pesquisar, os recursos materiais e humanos disponíveis, a abrangência e a aplicabilidade do estudo. E podemos considerar também que tem uma enorme importância a inspiração filosófica do pesquisador e do orientador.

2.1 Método dedutivo

Este método segue as proposições de Descartes, século XVII, que vê na razão a forma de se obter o conhecimento verdadeiro.

Pelo método dedutivo chega-se a conclusões tidas como verdadeiras.

Descartes pretendia estabelecer um método universal, que seguisse um rigor matemático e uma ordenação racional de ideias, tornando claro um "fato" ou "fenômeno". Este método representa a corrente do racionalismo.

A concepção de homem para Descartes associa as ideias e a vinculação ao espírito. "Penso, logo existo" é sua frase mais célebre.

O raciocínio dedutivo tem o objetivo de desenvolver uma cadeia de raciocínio em ordem descendente, de análise do geral para o particular, que leve a uma conclusão final com possibilidade de generalização do resultado obtido. Parte-se do macro para o micro. Exemplo: Todo mamífero tem um coração. Todos os gatos são mamíferos, portanto, todos os gatos têm coração.

É o método mais utilizado na área das ciências naturais; portanto, a linha para a investigação deve ser a modalidade de pesquisa quantitativa, porque é um tipo de pesquisa que pede quantificação dos resultados para proceder à generalização.

2.2 Método indutivo

Este método proposto por Bacon, Hobbes e Locke teve maior destaque nos séculos XVII e XVIII. O método indutivo relaciona-se ao empirismo, ele adota a regra de que o conhecimento é fundamentado na experiência e na razão. O termo grego *empeiria* significa experiência.

Ao contrário do método dedutivo, o indutivo parte do particular (micro) para a generalização (macro). A observação dos fatos leva à necessidade de descobrir a relação existente entre eles e, a partir disto, procede-se à generalização. Exemplo: Todos os gatos que foram observados tinham coração, logo, todos os gatos têm coração.

Para os empiristas, todo nosso conhecimento provém da percepção do mundo externo, essa aquisição por meio dos órgãos dos sentidos é suficiente para conhecer a verdade.

O método indutivo tornou-se um uso comum nas ciências naturais, passando posteriormente, com o advento do positivismo, também, a ser proposto nas investigações das ciências sociais (investigam o homem). A linha para a investigação deve ser a modalidade de pesquisa quantitativa, porque é um tipo de pesquisa que pede quantificação dos resultados para proceder à generalização.

2.2.1 O Positivismo de Comte

Augusto Comte, séculos XVIII e XIX, é o fundador de uma corrente filosófica chamada *Positivismo*. Com este termo, "positivo", significando o real, os fatos positivos admitem como fonte única de conhecimento e critério de verdade a experiência como resultante das ciências naturais.

O positivismo não nega a compreensão subjetiva dos fenômenos; entretanto, não lhes pode considerar como um sistema científico para produzir conhecimento.

Para Comte é a evolução da inteligência humana que comanda o processo histórico. A metodologia da ciência sistematiza a filosofia. O pensamento humano só tem sentido quando for útil à estrutura da sociedade.

O positivismo foi uma das correntes filosóficas que mais influências causaram na concepção moderna de homem. Muitos governos estruturaram o pensamento em suas diretrizes, pois os valores morais são pautados pela ordem, a organização, a disciplina e a hierarquia. Este pensamento influenciou o Brasil republicano, por isso o lema escrito na bandeira nacional brasileira é "Ordem e Progresso".

O paradigma positivista é aquele que pressupõe existência de leis gerais que regem os fenômenos; por isso é um dos postulados que dão sentido e rumos às práticas em pesquisa quantitativa.

Foi um pensamento que influenciou Nietzche, que propunha a concepção da autoconsciência do poder, em que o homem deve saber que é forte, deve ser lógico em suas atitudes e a vontade de agir é mais importante do que a vontade de analisar e entender.

2.3 Método hipotético-dedutivo

O método hipotético-dedutivo é uma proposta de Karl Popper que nasce a partir de críticas ao método indutivo.

Alguns autores o caracterizam como neopositivista e outros autores fazem uma crítica a isto, afirmando que Popper era antipositivista.

Sua proposta consiste em demonstrar que o problema é oriundo da dificuldade de explicação de um fenômeno, pois os conhecimentos disponíveis não são suficientes para o fornecimento de tais explicações. Na tentativa para explicar o problema surgem as hipóteses.

As hipóteses formuladas nutrem deduções que se deseja testar, a fim de se obter resultados que as confirmem ou não. O método dedutivo procura a "verdade", a confirmação da hipótese. No método hipotético-dedutivo procuram-se evidências empíricas que possam não apenas se confirmar, mas que também possam derrubar a hipótese. O termo usado é "falsear" e significa tentar tornar falsas as consequências deduzidas das hipóteses.

Quando não se consegue falsear a hipótese (corroboração) para Popper, significa que a hipótese mostrou-se válida, pois su-

43

perou todos os testes, o que não lhe confere uma validação definitiva, pois a qualquer momento poderá surgir um novo fato que a invalide.

Este método reconhece apenas a comprovação científica quantificada como o caminho para a obtenção do conhecimento. As verdades científicas são aquelas que se pode avaliar objetivamente, independentemente do observador e que os resultados surgiram a partir da formulação de hipóteses testadas.

A aplicabilidade do método hipotético-dedutivo tem uma aceitação maior no campo das ciências naturais e a eleição deve ser a pesquisa de modalidade quantitativa porque é um tipo de pesquisa que pede quantificação dos resultados para proceder a afirmações sobre a hipótese e sobre o falseamento e reprodução do experimento.

2.4 Método dialético

Do grego *dialektos*, significa forma de discutir e debater. A dialética representa um debate com astúcia.

Kant influencia o pensamento de Hegel, pois o fenômeno dominante dessa época (século XVIII) era a atitude crítica. Considerava-se que o indivíduo com capacidade crítica era aquele que tinha posições independentes e que refletia sobre os assuntos sem aceitar totalmente os dogmas existentes.

Nasce a dialética de Hegel, que integra uma corrente de pensamento em que a concepção do homem é elaborada a partir de sua história e cultura. Considera que os fatos devem ter um olhar no contexto social, político, econômico, em que vive o homem e situa o comportamento humano como produto do meio, do momento histórico e cultural.

Considera-se dialético o modo de pensarmos as contradições da realidade que está em permanente transformação.

Método comumente empregado em pesquisa qualitativa, pois não necessita de quantificação, as observações importantes são oriundas do contexto pesquisado e não dos dados numéricos.

2.5 Método fenomenológico

O termo fenomenologia foi criado pelo matemático e filósofo Lambert (1728-1777), difundido por Hamilton (1788-1856) como sendo a descrição imediata dos fatos e ocorrências psíquicas anteriores a qualquer explicação teórica.

O significado de fenômeno vem da expressão grega *fainomenon* e deriva-se do verbo *fainestai*, que quer dizer mostrar-se a si mesmo.

Com Husserl houve maior impulso do uso da fenomenologia em pesquisa. Ele se interessava por entender as coisas a partir das vivências dos indivíduos e, como estes estabeleciam os significados para suas vivências, acreditava que o fenômeno integrava a consciência do indivíduo e a realidade exterior, e por isso era capaz de formar um conjunto de percepções sobre a realidade.

A busca de Husserl era estudar a intencionalidade, que é o ato de dar um significado, encontrar uma referência de ligação entre o ser e a realidade, que ocorre na consciência do indivíduo.

A fenomenologia trata de descrever fatos; por isso não busca a verdade absoluta e definitiva; a qualquer momento o fenômeno pode ser reinvestigado e obter uma nova interpretação.

No método fenomenológico o sujeito/ator é reconhecidamente importante no processo de construção do conhecimento e, mesmo que não se elabore hipóteses antecipadamente, o desenho da pesquisa deve caminhar para fornecer análise, interpretação, discussão de resultados e conclusão, inclusive, as proposições efetuadas devem possibilitar novos encaminhamentos a pesquisas.

Os principais pensamentos que norteiam a pesquisa qualitativa se situam nas correntes fenomenológica, sociológica e na antropologia, cujo resultado provém de uma visão extraída a partir do discurso do próprio sujeito pesquisado.

Método comumente empregado em pesquisa qualitativa, pois não necessita de quantificação, as observações importantes são oriundas do sujeito pesquisado e não dos dados numéricos.

2.5.1 O irracionalismo/existencialismo

O existencialismo foi um movimento que se manifestou no final do século XIX. O objetivo era a crítica ao uso da razão como verdade absoluta para os achados científicos e a compreensão de mundo e de homem.

O pensamento era recolocar a questão da verdade a partir do processo da existência. Kierkegaard afirma a importância de viver "a verdade em si mesmo". Ele defende os temas que se processam no campo da subjetividade humana (amor, sofrimento, angústia, desespero), o homem adquire, então, a concepção existencialista.

Método comumente empregado em pesquisa qualitativa, pois não necessita de quantificação, as observações importantes são oriundas do próprio sujeito pesquisado e não dos dados numéricos.

2.5.2 Hermenêutica

Segundo Feijoo (2000), hermenêutica representa todo o esforço de interpretação científica de um texto difícil que exige uma explicação. Pode ser considerada a ciência que trata dos fins, caminhos e regras da interpretação. A filosofia hermenêutica, portanto, significa trazer a mensagem e notícia da coisa em si mesma.

Para Minayo (2004), segundo o dicionário de filosofia organizado por Ferrater Mora, a hermenêutica consiste na explicação e interpretação de um pensamento.

Gadamer (1987), apud Minayo (2004), aborda que hermenêutica é a busca de compreensão que dá sentido à comunicação entre seres humanos.

Gadamer (2004a, 2004b) explica o uso da hermenêutica como o ato de compreender o todo a partir do individual e o individual a partir do todo. E explicita que a tarefa de *hermeneus* era traduzir para uma linguagem compreensível a todos aquilo que se manifestou de modo incompreensível.

Entende-se que a hermenêutica tem a tarefa de interpretar as normas, buscando seu sentido e alcance, tendo em vista uma finalidade prática, criando condições para uma decisão possível, ou melhor, condições de aplicabilidade da norma, empregando, para tanto, as várias técnicas interpretativas.

3 Tipos de pesquisa

A curiosidade humana, naturalmente, leva o homem a investigar a realidade sob os mais diversos aspectos e dimensões, dando origem aos vários tipos de pesquisa, e cada uma delas se organizará frente os próprios fundamentos e procedimentos.

Classificação usual dos tipos de pesquisas: exploratória, descritiva e explicativa.

3.1 Pesquisa exploratória

Visa tornar explícito o problema, construir hipóteses a serem pesquisadas ou conhecer os fatos e fenômenos relacionados ao tema. Envolve levantamento bibliográfico, entrevistas com profissionais da área, visitas às instituições, empresas e estudos de caso.

47

Não utiliza procedimentos de amostragem e técnicas quantitativas de coleta de dados. É mais apropriada para as pesquisas de modalidade qualitativa.

3.1.1 Pesquisa bibliográfica

É a busca de referências teóricas publicadas em documentos. É feita a fim de recolher informações e conhecimentos prévios acerca de um problema. Abrange toda a bibliografia já tornada pública.

3.1.2 O estudo de caso

Caracteriza-se pelo estudo de um ou de poucos objetos, permitindo uma investigação mais ampla e detalhada do conhecimento. Não há um roteiro a ser seguido, porém é importante que fiquem claras informações como: delimitação da unidade-caso; coleta de dados; análise e interpretação dos dados e redação do relatório.

Exemplo

Os estudos de caso mais comuns são os que focalizam apenas uma unidade: um indivíduo (como os "casos clínicos" descritos por Freud), um pequeno grupo (como o estudo de Paul Willis sobre um grupo de rapazes da classe trabalhadora inglesa), uma instituição (como uma escola, um hospital), um programa (como o Bolsa Família), ou um evento (a eleição do diretor de uma escola). Podemos ter também estudos de casos múltiplos, nos quais vários estudos são conduzidos simultaneamente: vários indivíduos (como, por exemplo, professores alfabetizadores bem-sucedidos), várias instituições (diferentes escolas que estão desenvolvendo um mesmo projeto) (Mazzotti, 2006).

3.1.3 Pesquisa etnográfica

É o tipo de pesquisa em que o pesquisador estabelece um contato direto e prolongado com a situação e as pessoas que fazem parte do contexto a ser pesquisado. Pode até existir algum grau de ação ou intervenção do pesquisador no campo, mas este não é o seu objetivo, o bom-senso do pesquisador é que fará a escolha de uma ação frente à ocorrência.

Este tipo de pesquisa possui um esquema aberto e flexível que acumula dados descritivos devido à observação.

A etnografia é um processo que depende do senso questionador do pesquisador, chamado também de etnógrafo. Deste modo, a utilização de técnicas e procedimentos não segue, necessariamente, a padrões rígidos ou predeterminados, pelo contrário, são formulados ou criados padrões para atenderem a uma situação específica ou à realidade que se apresenta no trabalho de campo.

A etnografia estuda o pensamento e comportamento humano presente na rotina diária de pessoas ou grupo. O objetivo é documentar, monitorar, encontrar significações. É um olhar sobre o significado cotidiano para as pessoas ou grupo.

Os estudiosos de etnografia trazem como um dado significativo para a pesquisa que os períodos de observação sejam de no mínimo um a dois anos para que o pesquisador possa entender e validar o significado das ações das pessoas ou grupo.

Exemplo

Conhecer o comportamento das mulheres de uma tribo indígena frente o período de gestação e parto.

3.1.4 Pesquisa com uso do interacionismo simbólico

O interacionismo simbólico teve origem no século XIX, com George Herbert Mead (1934), influenciado pelo pragmatismo filosófico e o behaviorismo. Ele fundamenta a teoria na descrição do comportamento humano, como ato social, concebido como "externo" e observável. Torna-se uma das principais escolas de pensamento da sociologia e tem como característica incorporar a reflexividade na análise da ação.

O interacionismo simbólico aborda que o comportamento humano é autodirigido e observável e, no sentido simbólico e interacional, permite ao homem que planeje e dirija suas ações em relação a si mesmo e aos outros, conferindo significados aos objetos que ele utiliza para estabelecer relações. A ênfase é sobre a interpretação consciente.

As relações são construídas a partir dos sentimentos, atitudes e significados atribuídos pelas pessoas. Isto ocorre quando o processo se torna consciente, há reflexão e interpretação do objeto, o sujeito/ator seleciona, processa e transforma os significados.

Blumer, in Lopes & Jorge (2005), um seguidor que se manteve fiel ao pensamento do mestre Mead, demarca que o interacionismo simbólico conta com três premissas:

a) os seres humanos agem em relação às coisas, tomando por base o significado que as coisas têm para ele;

b) o significado de tais coisas, às vezes, surge de uma interação social que a pessoa tem com seus iguais;

c) esses significados são manipulados e modificados por meio de um processo interpretativo, usado pela pessoa para lidar com as coisas que ele encontra.

O interacionismo simbólico, fundamentado nessas premissas, desenvolve um processo analítico da sociedade e das condutas humanas, demonstrando que o processo interpretativo é derivado da interação social.

A pessoa constrói ou transforma um significado por meio da autointeração e ressignifica o que foi vivido, por isso os valores individuais interferem no significado que as coisas têm para cada pessoa e para o grupo.

Para Mead, in Lopes & Jorge (2005), a autointeração, acontece quando a pessoa se vê pelo lado de fora, colocando-se na posição do outro e vendo-se em relação a si nessa posição, por isso a ação humana é vista como um resultado da autointeração. É construída por meio de processos reflexivos que a pessoa faz de si mesma, do outro e da interação. Desta interpretação nasce um indicativo para a ação.

A pessoa identifica um ponto importante, mapeia uma linha de comportamento, observa e interpreta as ações dos outros e dimensiona a sua situação. Isto se torna a base do comportamento cooperativo que surge por meio de cada pessoa, na percepção da intenção dos outros e constrói a sua resposta baseada naquela intenção (Lopes & Jorge, 2005).

Exemplo

Em estudo realizado junto de mulheres mastectomizadas, utilizando o interacionismo simbólico no cuidado de enfermagem, identificaram-se as ações realizadas por essas mulheres e se compreenderam os significados atribuídos pelas mesmas. Explica-se, na perspectiva interacionista, o significado que a pessoa atribui a uma situação vivenciada. Surge a interação e a interpretação que se faz daquela situação, podendo ser a enfermeira uma mediadora junto do cliente e da família na busca de facilitar tal significação por meio do ato de reflexão (Lopes & Jorge, 2005).

3.1.5 *Pesquisa com uso de história oral*

A história oral surgiu como forma de valorização das memórias e recordações, é o recolhimento das informações por meio de entrevistas com o indivíduo. Nasce na década de 1960 nos Estados Unidos e em 1970 no Brasil, como uma das primeiras experiências no Museu da Imagem e do Som.

Em muitos casos, a importância do registro da história de vida de indivíduos também está nas novas construções que o indivíduo ou grupo pode vir a fazer a partir das rememorações. Possibilita que indivíduos sejam ouvidos, gerando assim material para análises futuras.

Os registros podem ser feitos utilizando-se recursos tecnológicos, além dos dados escritos. É fundamental um planejamento estratégico para a coleta de informações.

O entrevistador deve ter um roteiro para a entrevista e guiar-se pelo bom-senso de um pesquisador em metodologia qualitativa.

Exemplo de algumas realizações do laboratório de história oral (LHO)

a) Negros: memória, experiência e cidadania.

b) Campinas de outrora: A história campineira na voz de velhos moradores e de estudiosos da cidade.

c) Vida familiar em diferentes grupos étnicos em São Paulo: educação, lazer e consumo cultural em cidades em rápida transformação (1890-1950) – Os alemães.

d) Família, imigração e cultura – Os japoneses (1950-1980).

3.1.6 Pesquisa com análise do discurso

O discurso é transcrição de opiniões, de atitudes, da fala e de representações do sujeito, que demonstram o recorte de um momento, num processo de elaboração de uma análise feita pelo pesquisador sobre o conteúdo trazido pelo pesquisado.

Deve-se lembrar que o sujeito ao falar algo ao pesquisador manifestará suas emoções e o mesmo ocorrerá com o pesquisador quando transcrever o discurso; portanto, a fidedignidade na pesquisa de modalidade qualitativa também deve conter as observações e percepções emocionais dos relatos e das transcrições, pois é uma função do pesquisador, em pesquisa qualitativa, buscar o sentido dado pelo sujeito àquilo que ele narra.

A análise do discurso pode ser realizada por um conjunto de abordagens interdisciplinares, não havendo consenso sobre o que é o discurso ou sobre o modo de analisá-lo.

Minayo (2004) traz que a análise do discurso tem seu marco inicial com Michel Pêcheux, na década de 1960, e que o objetivo é realizar uma reflexão da apreensão dos significados.

Ricoeur (1988a) aborda que o discurso representa escolhas, cujas significações são eleitas ou excluídas – "O discurso é o acontecimento da linguagem".

Na fala, o homem expressa seus diferentes estados de ânimo, sua visão do mundo. Mostrar-se a si mesmo é discursar, é expressar-se no sentido da entidade da palavra, do gesto, do silêncio, enfim, do comportamento. Daí, aquele que investiga pode se guiar pelo diálogo (Feijoo, 2000).

A linguagem é geradora de cenários que constitui o mundo social e estabelece relações. É uma prática que constrói o mundo ao invés de apenas refleti-lo. Alterar um discurso é uma maneira de intervir e transformar o meio social.

A gravação da entrevista é necessária e a transcrição deve ser feita na íntegra. Quando couber a pesquisa, como um ponto importante, devem se destacar as pausas, as alterações na entonação de voz e quaisquer manifestações, como suspiros, risadas, entre outras.

A minha eleição por uma técnica para a análise do discurso é a análise idiossincrática e nomotética que demonstro a seguir:

3.1.6.1 Análise idiossincrática e análise nomotética

Um dos processos de análise do discurso é a análise idiossincrática e a análise nomotética, no qual me deterei e explicarei a seguir:

a) Idiossincrática vem do grego *Idiosygkrasía*, que significa disposição do temperamento do indivíduo, que o faz agir de maneira muito pessoal, à ação dos agentes externos; maneira de ver, sentir, reagir, própria de cada pessoa.

A análise idiossincrática representa o ato de extrair da fala do sujeito unidades significativas que explicitam a consciência que este mesmo tem sobre o fenômeno (Barbosa, 2002).

b) O termo nomotético deriva do grego *nomos*, que significa lei, norma. Nomotético indica a elaboração de leis a partir de fatos. As expressões dos sujeitos demonstram a compreensão do cotidiano e pela análise nomotética é possível reduzir a fala até uma proposição básica que servirá de guia para compreensão das experiências vividas pelo indivíduo.

A análise nomotética se caracteriza pelo agrupamento de asserções, construindo uma rede de significados. Procura-se o que é comum e se faz a interseção das experiências vivenciadas, que podem ser interpretadas como o anúncio das mesmas coisas em diferentes indivíduos (Barbosa, 2002).

Exemplo

Retirado da pesquisa de dissertação de mestrado: A Compreensão do residente médico, em reumatologia, no atendimento ao paciente com fibromialgia.

Realizou-se a gravação dos discursos de residentes médicos. Os discursos foram provenientes da pergunta feita a cada um deles: – O que é isto para você, atender ao fibromiálgico?

1ª ETAPA: DISCURSO NA ÍNTEGRA

É o início da análise do discurso integral de cada residente. Em cada discurso é feita uma leitura e grifados os pontos de maior relevância que respondem à interrogação: – O que é isto para você, atender ao fibromiálgico?

A seguir, serão transcritos alguns dos discursos dos residentes envolvidos na pesquisa.

Discurso 1

ENTREVISTADOR: Gostaria que você respondesse da forma mais ampla possível. O que é isto para você, atender ao fibromiálgico?

ENTREVISTADO MÉDICO RESIDENTE: "A princípio, quando entrei no ambulatório para atender o paciente, para mim, assim é o paciente: tinha aquele estigma, poliqueixoso, cheio de coisa. Eu, os residentes, ninguém tinha muito saco. Tudo é fibromialgia. Tem osteoporose, tem não sei o quê, não sei o quê, mas tem fibromialgia. É um paciente chato que ninguém queria muito atender. Tenho a impressão que eu, como todos os residentes, tenho uma mudança em relação a isso. Mas hoje, a gente tem noção que a fibromialgia é uma doença mesmo. É assim mais difícil de tratar do que lúpus, do que esclero, porque tem outros componentes, o social, o psicológico. Hoje tenho uma noção que o paciente de fibromialgia tem uma doença. Não é um paciente chato que fica queixando de coisa à toa, eu sei que tem uma doença que precisa ser tratada. Então, aqui, a gente aprendeu, pelo menos eu aprendi, a mudar esse conceito de fibromialgia. Hoje, eu vejo o paciente com fibromialgia com outros olhos".

Discurso 2

ENTREVISTADOR: Gostaria que você respondesse da forma mais ampla possível. O que é isto para você, atender ao fibromiálgico?

ENTREVISTADO MÉDICO RESIDENTE: "Maneira mais ampla possível. Atender paciente de fibromialgia é uma tarefa difícil. Ouvir as queixas, tentar caracterizar o que está incomodando mais ele, muitas vezes, é difícil, a gente não sabe muito bem se são as dores que, geralmente, eles sentem ou se é algo psicológico. Às vezes, eles têm quadro depressivo grave, com problemas de adaptação social. Eu acho difícil de uma maneira geral saber qual o componente que é mais importante: as dores difusas, sono reparador ou o componente depressivo que está associado. Ah! Também é uma tarefa de muita paciência. Você precisa saber ouvir o paciente. Ele é muito angustiado com várias queixas ao mesmo tempo. Não é o dia a dia, não é um paciente comum no sentido de você perguntar: *Está doendo onde exatamente?* E a pessoa aponta: *Está doendo esse local.* O problema é esse. Às vezes, a dificuldade é saber o que mais incomoda a ele. O segundo ponto mais importante é uma tarefa de paciência, tem que ter muita paciência para ouvir. Acho que é isso. De maneira ampla acho que é isso. Como experiência pessoal, tem dias que é difícil você ter paciência, você escutar bem ele. Às vezes, você também está cansado, é um paciente que exige muito psicologicamente. Às vezes, como experiência pessoal é ruim. Tem dias que você está cansado, não está com vontade de ouvir tanta queixa ao mesmo tempo, fica perdido. Como experiência seria isso. Acho que não é uma doença incapacitante. Não é uma doença grave do ponto de vista de risco de vida, então, isso não angustia tanto a gente nesse ponto. Querendo ou não querendo, todo médico fica mais preocupado com doenças que possam levar à morte do paciente/os pacientes, principalmente os daqui sofrem muito e o tratamento, muitas vezes, não é efetivo. Também tem um pouco de frustração: você tentar melhorar eles, passa medicação, mexe com antidepressivo, com relaxante muscular e eles não melhoram. E a coisa vai se acumulando, a gravidade vai aumentando, né. Mas traz uma certa tranquilidade por outro lado. Por conta disso, não tem risco. Tem uma morbidade grande e eles sofrem bastante".

Discurso 5

ENTREVISTADOR: Gostaria que você respondesse da forma mais ampla possível. O que é isto para você, atender ao fibromiálgico?

ENTREVISTADO MÉDICO RESIDENTE: "Antes de fazer reumato eu tinha uma impressão ruim de fibro.

Achava que o paciente era chato que tinha frescura, mas depois que comecei residência, minha opinião mudou completamente, acho que da reumato são os que mais sofrem, mais têm dor e se queixam mais. Os fibro nunca melhoram, são depressivos, não dormem bem. E assim, hoje, vejo completamente diferente. Precisam de tratamento, são os que mais sofrem do nosso ambulatório. Os pacientes lúpicos, com AR são felizes, os fibro, sempre com dor, deixa de ir na casa do vizinho porque têm dor e não consegue sair de casa, não conseguem trabalhar. Então são pacientes mais limitados. Me sinto impotente frente à fibro. Com o que a gente tem hoje, não consegue melhorar muita coisa, apesar de medicamento, orientação de atividade física, acho que a fibro deve ser atendida por uma equipe multidisciplinar".

Discurso 6

ENTREVISTADOR: Gostaria que você respondesse da forma mais ampla possível. O que é isto para você, atender ao fibromiálgico?

ENTREVISTADO MÉDICO RESIDENTE: "Paciente difícil de atender. Às vezes, eu me sinto impotente. Você dá várias opções para o tratamento e eles colocam empecilhos. Parece que a vida deles não tem saída. Às vezes, me cansa procurar saída. Procurando o que ter que fazer, a gente sabe que o medicamento melhora por um tempo, mas que a pessoa tem que mudar a vida dela, tem que fazer atividade física, tem que olhar a vida diferente. Esses pacientes parecem a hiena do desenho: – Oh vida, oh céus, oh azar. Tudo é difícil, tudo é complicado, nada dá certo na vida deles. Então, é um ambulatório que você sai pesado no final do dia. Você se cansa de procurar saída para eles e eles não querem fazer nada. Tudo é muito difícil, é muito complicado. Então, me sinto impotente. Parece que você não ajuda, não consegue melhorar. Não sei até que ponto ele quer melhorar? Tem outras doenças mais graves, como o lúpus. Você orienta e o paciente tem vontade. Quer melhorar, tem força para isso. E o paciente de fibro não tem força para sair da situação. Eu sinto do paciente de fibro essa dificuldade deles mesmos entenderem um pouco melhor a doença. Você dá várias opções e ele coloca todas as dificuldades. Parece que a vida dele é um transtorno, não tem saída. Tem paciente que tem problema com filho, marido, com todo mundo. Vem aqui e despeja na gente. Aqui, a gente não tem condições de conversar por uma hora, são consultas rápidas. Eu acredito muito na dor deles. Eu acho que eles sofrem muito, mas me sinto impotente para ajudá-los. A gente orienta, mas o paciente tem que querer melhorar. É um ambulatório que você sai pesado no final do dia".

Discurso 7

ENTREVISTADOR: Gostaria que você respondesse da forma mais ampla possível. O que é isto para você, atender ao fibromiálgico?

ENTREVISTADO MÉDICO RESIDENTE: "É difícil. São pacientes com dores difusas. Tem que escutar tudo, examinar tudo, né, para ver realmente o diagnóstico de exclusão. Tentar melhorar a condição dele. Tem que ter paciência, mas é difícil. O atendimento deste paciente precisa ser multidisciplinar. Precisa apoio psicológico, precisa medicação da parte física.

Então é complicado. Depende do humor. Geralmente sou calma, atendo bem, mas ao final do dia, depois de atender muita gente com dor, você sai meio que pesada. Eu acho assim. Mas a gente tenta atender da melhora forma. Orientar o que deve fazer, o que não pode. Incentivar atividade física que melhora muito".

Discurso 15

ENTREVISTADOR: Gostaria que você respondesse da forma mais ampla possível. O que é isto para você, atender ao fibromiálgico?

ENTREVISTADO MÉDICO RESIDENTE: "Aqui na reumatologia a gente tem bastante experiência com isso porque a gente vê muito paciente. Para mim, vai além da reumatologia em si porque o paciente com fibromialgia tem vários problemas, incluindo a parte psicológica. Muitos têm sintomas depressivos e refletem isso na fibromialgia, na parte do diagnóstico do sono. É um paciente na minha visão, tem que se ver de maneira completa, global, que é uma das coisas que me fez fazer reumatologia porque a gente é muito clínico e precisa ver muito o paciente desse jeito. Por outro lado, não é uma coisa fácil de se tratar. O paciente que já esteja neste estágio, muitas vezes, tem muitos outros problemas e acaba usando, às vezes, a fibromialgia como uma válvula de escape para se justificar o que tá acontecendo na vida dele. Então tratar o paciente de fibromialgia é muito complexo. Os pacientes que conseguem sair, que seguem as orientações, que estão bem orientados, a grande parte das vezes tem uma resposta muito boa. Com o tratamento que a gente faz aqui, é mais baseado em atividades físicas, em alongamento e fazer as coisas que o paciente tem prazer, isso é uma coisa que a gente acaba frisando bastante para eles, justamente por essa parte emocional que a grande maioria dos pacientes, senão todos, têm. Medicação para fibromialgia, uma coisa, a visão que tive aqui no nosso ambulatório que é uma coisa relativamente secundária, os pacientes que vão melhorar independentemente ou não de tomarem ou não o remédio, se eles mudarem os hábitos de vida e seguirem as orientações de terapias físicas e o programa de exercícios que são preconizados. Acho assim, os pacientes que não melhoram rapidamente, a tendência é de não melhorarem nunca porque eles não estão seguindo, ou, alguns vêm se tratar e a gente não sabe se eles querem melhorar mesmo. A visão que eu tenho é que se eles não melhoram em 2 ou 3 meses ou o tratamento dele vai ser muito difícil. Aí, nesse meio, talvez seja importante um profissional que não seja reumatologista. Aí, a gente acaba encaminhando para o psiquiatra, para o psicólogo porque a gente tem uma certa noção que não vai resolver o problema dele sozinho, já que tem outras coisas por trás que estão atrapalhando o tratamento. Esse sem dúvida é o mais difícil. Se fizer uma pesquisa assim, a grande maioria dos médicos não querem atender esses pacientes porque são muito difíceis mesmo. Acho que dá para englobar bem todos os pacientes que a gente vê e que eu tive oportunidade de ajudar no ambulatório".

2ª ETAPA: ANÁLISE IDIOSSINCRÁTICA

Agora, os pontos de relevância são agrupados em cada discurso e recebem o nome de discurso na linguagem do sujeito, que são analisados, sintetizados e reescritos em uma linguagem formal (norma culta), recebendo o nome de unidades significativas.

As unidades significativas sofrem uma nova análise, são sintetizadas e reescritas de forma a expressar a essência do pensamento do sujeito, é o cerne do significado por ele atribuído e recebem o nome de asserções articuladas.

Discurso 1

Discurso na linguagem do sujeito	Unidades significativas	Asserções articuladas
1) Para mim assim é o paciente; tinha aquele estigma; poliqueixoso; cheio de coisa... tudo é fibromialgia; tem osteoporose, tem não sei o que...	1) O atendimento a este paciente vem marcado por pré-conceitos em relação ao doente/doença (1).	1) O atendimento a este paciente sofre preconceito (1).
2) Eu, os residentes, ninguém tinha muito saco...	2) Os médicos residentes sentem-se entediados no atendimento a este paciente, indispostos a atendê-los (2,3).	2) Os médicos entediam-se e sentem-se indispostos a atendê-los (2).
3) É um paciente chato, ninguém queria muito atendê-los...	3) A doença é a das mais difíceis de se tratar porque abarca componente social e psicológico (4).	3) O atendimento é difícil em virtude da doença abarcar componentes sociais e psicológicos (3).
4) Mas, hoje a gente tem a noção que a fibromialgia é uma doença mesmo, é assim, mais difícil de tratar de que lúpus, de que esclero, porque tem outros componentes, o social, o psicológico.		

Discurso 2

Discurso na linguagem do sujeito	Unidades significativas	Asserções articuladas
1) É uma tarefa difícil ouvir queixas, tentar caracterizar o que está incomodando mais ele.	1) É uma tarefa difícil o atendimento ao paciente porque tem que ouvir as queixas e decodificar o que mais incomoda (1).	1) Ouvir queixas e descobrir o que mais incomoda ao paciente representa uma tarefa difícil no atendimento (1, 2).
2) Muitas vezes é difícil a gente não sabe muito bem se são dores que geralmente eles sentem ou se é algo psicológico, às vezes tem quadro depressivo grave, problema de adaptação social.	2) É uma tarefa difícil o atendimento ao paciente porque existem vários fatores e sintomas presentes o que torna difícil saber qual é o mais importante (2, 3).	2) Saber ouvir é paciência são requisitos necessários nesse tipo de atendimento (3).

61

3) Eu acho difícil de uma maneira geral saber qual o componente que é mais importante, as dores difusas, o sono reparador ou o componente depressivo associado.	3) O atendimento requer atributos por parte dos médicos como saber ouvir e paciência (4).	3) Atender paciente fibromiálgico é uma experiência pessoal ruim, demanda desgaste emocional que frustra o médico na tentativa de melhorar o estado do paciente (4, 5).
4) Tarefa de muita paciência precisa saber ouvir.	4) O atendimento representa uma experiência pessoal para o médico residente bastante difícil devido à exigência psicológica (5).	
5) É um paciente que exige muito psicologicamente, às vezes como experiência pessoal é ruim.	5) O atendimento traz como resultado negativo do tratamento o sentimento de frustração para o residente médico (6).	
6) Também tem um pouco de frustração, você tenta melhorar eles passa medicação...		

Discurso 5

Discurso na linguagem do sujeito	Unidades significativas	Asserções articuladas
1) Eu tinha uma impressão ruim da fibromialgia achava que o paciente era chato que tinha frescura.	1) O atendimento do paciente de fibromialgia sofre de preconceitos por parte da assistência médica, os sintomas nem sempre são compreendidos com isenção (1).	1) A melhor compreensão do paciente-doença qualifica melhor o atendimento e coopera na superação de preconceitos (1, 2).
2) Acho que da reumatosão os que mais sofrem, mais têm dor... os fibro nunca melhoram... são depressivos, não dormem bem....	2) A compreensão melhor do paciente-doença qualifica melhor o atendimento e coopera na superação de preconceitos (2).	2) O atendimento ao paciente fibromiálgico traz sentimento de impotência ao médico (3).
3) Sinto-me impotente frente à fibromialgia.	3) O atendimento a fibromiálgicos traz o sentimento de impotência ao médico (3).	3) A assistência ao fibromiálgico demanda atendimento multidisciplinar (4).
4) Acho que a fibro deve ser atendida por uma equipe multidisciplinar.	4) A assistência ao fibromiálgico demanda multidisciplinaridade no atendimento (4).	

Discurso 6

Discurso na linguagem do sujeito	Unidades significativas	Asserções articuladas
1) Paciente difícil de atender às vezes me sinto impotente... tudo é muito difícil, é muito complicado, então me sinto impotente... parece que você não ajuda.	1) O atendimento à paciente com fibromialgia é tudo difícil, cansa, o paciente dispõe todos os seus problemas sobre o médico, que se sente impotente (1, 2, 3).	1) No atendimento a paciente fibromiálgico tem-se a sensação de impotência e o profissional se cansa, pois o paciente dispõe sobre ele toda a expectativa de solução de seus problemas (1, 2).
2) Você dá várias opções e ele coloca todas as dificuldades, parece que a vida dele é um transtorno não tem saída, tem paciente que tem problema com todo mundo e despeja na gente.	2) O atendimento é pesado e depende da cooperação do paciente (4, 5).	
3) Às vezes me cansa, você procurando saída, procurando o que ter que fazer.		
4) A gente sabe que o medicamento melhora por um tempo, mas que a pessoa tem que mudar a vida dela.		
5) É um ambulatório que você sai pesado no fim do dia.		

Discurso 7

Discurso na linguagem do sujeito	Unidades significativas	Asserções articuladas
1) É difícil, são pacientes com dores difusas, tem que escutar tudo tem que examinar tudo, para ver o diagnóstico de exclusão, tentar melhorar a condição, tem que ter paciência, mas é difícil.	1) Atender o paciente é difícil, ele solicita muita atenção, acolher suas queixas e considerá-las, submeter-se às suas idiossincrasias o que demanda um exercício difícil de paciência e perseverança do médico (1).	1) Atender ao paciente fibromiálgico demanda acolher suas idiossincrasias o que solicita do médico um exercício exaustivo de perseverança (1).

63

2) Depende do humor, geralmente sou calma, atendo bem, mas ao final do dia depois de atender muita gente com dor você vai meio que ficando pesada.	2) O médico está também sob os efeitos de seu estado de espírito para atender a este paciente (2).	2) O desenvolvimento do atendimento médico dependerá dos efeitos de seu estado de espírito (2).
3) A gente tenta atender da melhor forma, orientar o que deve fazer e o que não pode.	3) O atendimento a este paciente pressupõe orientação e supervisão médica (3).	3) O atendimento a este paciente pressupõe orientação e supervisão médica multidisciplinar pela complexidade da intricada rede de relações não dominadas pelo reumatologista (3, 4).
4) O atendimento deste paciente precisa de apoio multidisciplinar, precisa apoio psicológico, medicação da parte física, então é complicado.	4) A assistência a este paciente é complexa, requer apoio multidisciplinar, em virtude da intricada rede de relações não dominada pelo reumatologista.	

Discurso 15

Discurso na linguagem do sujeito	Unidades significativas	Asserções articuladas
1) Para mim vai além da fibromialgia em si, porque o paciente com fibromialgia tem vários problemas, incluindo a parte psicológica.	1) O paciente fibromiálgico tem outros fatores que interferem no tratamento inclusive a parte psicológica, por isso o médico nem sempre consegue fazer este tipo de atendimento sozinho (1, 4).	1) Tratar o fibromiálgico requer uma equipe multidisciplinar devido a existência de fatores psicológicos (1).
2) Tratar o paciente com fibromialgia é muito complexo, os pacientes que conseguem sair são os que seguem as orientações... o tratamento que a gente faz aqui é baseado em atividades físicas, em alongamento e fazer coisas que o paciente tem prazer.	2) O tratamento da fibromialgia é muito complexo, pois depende mais do paciente seguir as orientações de terapia física e proceder à mudança de hábito de vida do que da medicação (2, 3).	2) O resultado do tratamento da fibromialgia tem sua importância na mudança de hábito do paciente e não na medicação (2).

3) Medicação para fibromialgia uma coisa a visão que tive aqui no nosso ambulatório que é uma coisa relativamente secundária os pacientes que vão melhorar independentemente ou não de tomarem ou não o remédio se eles mudarem os hábitos de vida e seguirem as orientações de terapias físicas e o programa de exercícios que são preconizados.	3) Existe um grau de indisposição ao atendimento do portador de fibromialgia por parte do médico devido a dificuldade de tratamento do paciente (5).	3) O tratamento do paciente de fibromialgia exige muito do médico, causando-lhe até uma certa indisposição no atendimento (3).
4) A visão que tenho... senão melhorar em 2 ou 3 meses, o tratamento vai ser difícil... aí a gente acaba encaminhando para psiquiatria, psicologia, porque a gente tem certa noção que não vai resolver o problema dele sozinho.		
5) A grande maioria dos médicos não quer atender este paciente porque são muito difíceis.		

3ª ETAPA: ANÁLISE NOMOTÉTICA

As asserções articuladas são separadas e agrupadas de acordo com o significado transmitido, unem-se as asserções articuladas por semelhança de conteúdo, anota-se o número do discurso geral proveniente e à qual asserção se refere nesse discurso.

O resultado será uma proposição final que expressa todo o sentido atribuído ao discurso de todos os residentes no que se refere àquele conteúdo, traduzindo a compreensão e o sentimento do residente ao atender ao paciente com fibromialgia.

Asserção articulada	Discurso	Asserção		Proposição
1) Os médicos entediam-se e sentem-se indispostos a atendê-los.	1	2	1) O atendimento ao fibromiálgico dependerá dos efeitos desse paciente sobre o estado de espírito do médico (5).	1) O atendimento ao fibromiálgico dependerá dos efeitos desse paciente sobre o estado de espírito do médico. Esse atendimento entedia, causa frustração, traz sentimento de impotência gera, inclusive, indignação. Produz cansaço, exaurindo o médico pela exigência do paciente que tem a expectativa de cura (1, 2).
2) Atender paciente fibromiálgico é uma experiência pessoal ruim, demanda desgaste emocional que frustra o médico na tentativa de melhorar seu estado	2	3		

3) O atendimento ao paciente fibromiálgico traz sentimento de impotência do médico.	5	2	2) O atendimento médico ao fibromiálgico entedia, gera frustração, traz sentimento de impotência, gerando indisposição no atendimento. Produz cansaço, exaurindo o médico pela exigência da expectativa de cura (1, 2, 3, 4, 6).	
4) No atendimento ao paciente fibromiálgico tem-se a sensação de impotência e o profissional se cansa, pois dispõe sobre ele toda a expectativa de solução de seus problemas.	6	1		
5) O desenvolvimento do atendimento médico dependerá dos efeitos de seu estado de espírito.	7	2		
6) O tratamento do paciente com fibromialgia exige muito do médico, causando-lhe até certa indisposição no atendimento.	15	3		

3.2 Pesquisa descritiva

Descreve as características do que é pesquisado, como por exemplo as características de determinada população ou fenômeno, ou, ainda, estabelece as relações entre variáveis de um grupo: idade, sexo, nível de escolaridade, religião entre outros.

Envolve o uso de técnicas padronizadas de coleta de dados: questionário e observação sistemática. Busca observar, registrar, analisar, classificar e interpretar os fatos ou fenômenos, não há envolvimento do pesquisador.

Pode ser utilizada em pesquisas de modalidade quantitativa ou qualitativa.

Exemplo

Apresentação de aspectos relacionados ao ensino nos cursos de ciências contábeis e inserção de seus egressos no mercado de trabalho, no Município de Fortaleza, com dados obtidos por meio de questionário aplicado a uma amostra de graduados. Pesquisa esta que vem sendo amplamente utilizada desde o 2º semestre de 1998, na elaboração do projeto pedagógico do curso de ciências contábeis da Universidade de Fortaleza (Oliveira, 1995).

3.3 Pesquisa explicativa

É a pesquisa que registra, analisa e interpreta os fenômenos estudados e aprofunda o conhecimento da realidade, explicando a razão e o "porquê" da ocorrência dos fenômenos.

Em ciências naturais o procedimento experimental é o mais utilizado e em ciências sociais a preferência é a observação.

3.3.1 Pesquisa experimental

Normalmente é usada na modalidade quantitativa em função do desenho que pede a determinação de um objeto de estudo, com definição de controle e de observação das variáveis.

É toda pesquisa que envolve algum tipo de experimento e caracteriza-se por manipular diretamente as variáveis relacionadas aos objetos de estudo, para obter a relação entre causas e efeitos.

Essencialmente esta pesquisa inicia-se com algum tipo de problema, o qual se deseja saber de que modo ou quais as causas para a ocorrência do fenômeno, por isso, selecionam-se variáveis capazes de influenciá-lo e definem-se as formas de controle e de observação dos efeitos que a variável produz no objeto. Manipula-se a variável independente, a fim de observar efeitos na variável dependente.

Exemplo 1: pesquisa experimental

Pinga-se uma gota de ácido numa placa de metal para observar o resultado.

Exemplo 2: variável dependente e independente

Em uma pesquisa que compara a contagem de células brancas (White Cell Count em inglês, WCC) de homens e mulheres, o sexo pode ser chamado de variável independente e WCC de variável dependente.

3.3.2 Pesquisa ex-post-facto

O planejamento é semelhante ao da pesquisa experimental, contudo não é feita a manipulação de variáveis independentes, pois elas são previamente determinadas ao pesquisador, porque a experiência ocorre depois do fato. Então, cabe ao pesquisador localizar grupos de indivíduos que sejam bastante semelhantes entre si, isto é, que tenham aproximadamente a mesma idade, as mesmas condições de saúde, que pertençam à mesma classe social, e outros.

Exemplo

Quando o "experimento" só será realizado após a detecção do fato ou fenômeno. Realização de estudo, nos cursos de ciências contábeis na grande Porto Alegre, para tentar descobrir a influência que as características dos docentes, discentes e abordagens de ensino podem ter no conhecimento contábil dos formandos (Schmidt, 1996).

A área da saúde ainda possui uma forte influência positivista, por isso os estudos estão voltados para a quantificação dos dados, restringindo-se o escopo à distribuição da frequência/prevalência das doenças, exceção feita à produção de alguns estudos em epidemiologia social.

A pesquisa quantitativa busca responder ao problema com dados numéricos; a pesquisa qualitativa busca compreender o problema por intermédio do sujeito pesquisado, que é quem vive o problema. Por isso não se aplica a todos os casos a pesquisa qualitativa ou a pesquisa quantitativa.

As distorções feitas entre o uso da metodologia qualitativa e quantitativa aconteceram em função da perda do senso de unicidade do homem e da ciência, que cedeu lugar ao racionalismo e ao positivismo científico.

Hoje, o resgate do senso de unicidade (corpo-mente; concreto-abstrato) deve fazer parte da realidade científica, pois somente desta forma é que poderá ser apreendida a complexidade humana.

Dever-se-iam usar as diferentes tendências teórico-metodológicas para um maior desenvolvimento da ciência e não como um confronto entre si, como se a verdade de cada uma pudesse ser atestada pela fragilidade de outra.

A área da saúde deve se enriquecer com o aprendizado gerado com as metodologias de pesquisa que buscam a compreensão de fenômenos e com as metodologias que fazem a mensuração matemática. Ou seja, em síntese, não deveríamos dispensar uma representação matemática frente a uma representatividade da subjetividade humana, muito menos acreditar que os achados matemáticos e numéricos se sobrepõem aos fenômenos subjacentes à subjetividade humana.

Não julgue qual a melhor metodologia e métodos. Não há.

Escolha qual a melhor metodologia e método para atender a sua pesquisa.

4

Etapas de desenvolvimento da pesquisa

1 Introdução

Deve ficar claro, desde o início, qual o tipo de metodologia que direcionará a pesquisa, quantitativa ou qualitativa, pois para o leitor a forma de conceber a compreensão da leitura se fará, diferentemente, dependendo da metodologia.

É na introdução que se demonstra claramente o propósito da pesquisa, os objetivos, as razões da escolha do tema e a apresentação do problema e das hipóteses.

A introdução não deve ser longa, segundo as normatizações da Vancouver, no máximo 2 páginas, contendo introdução, objetivos, justificativa. É apenas uma apresentação, não há necessidade de colocar nenhum autor, a menos que seja uma informação precisa da citação de um determinado autor.

Exemplo:

INTRODUÇÃO

A fibromialgia é uma síndrome em que a dor é o fator mais importante e coexiste com um quadro de alterações de fundo emocional e às vezes até distúrbio psíquico, o que dificulta o tratamento médico.

Durante dois anos, um grupo de pacientes com fibromialgia recebeu atendimento psicológico no ambulatório da reumatologia do Hospital São Paulo, da Escola Paulista de Medicina (Unifesp), cuja intenção era entender a queixa do paciente e as correlações entre a dor e o estado emocional. Durante um mês a psicóloga observou o atendimento realizado pelo residente médico.

A partir destas observações, surge o interesse em conhecer como o residente compreende o atendimento ao paciente com fibromialgia, pois não há na literatura dados que explanem sobre este fato.

Busca-se, então, realizar uma pesquisa que verifique:

• Como é para o residente lidar com o acolhimento à "dor"?

• O que percebe o residente no atendimento ao fibromiálgico?

Assim, surge a necessidade de formular uma questão que estimule o residente a expressar livremente o que significa para ele esse tipo de atendimento.

Chega-se à seguinte interrogação como a mais apropriada:

• O que é isto para você, atender ao fibromiálgico?

Admite-se que com esta interrogação o residente fará uma pausa em seu pensamento e se remeterá à significação interna do que é para ele atender a esse tipo de paciente, sua resposta espontânea expressaria seu posicionamento no ato de atender. Portanto, desenvolve-se uma pesquisa qualitativa para compreender o significado do discurso do residente quando ele fala sobre o atendimento ao paciente com fibromialgia.

2 Objetivos

É a descrição do que se pretende como resultado do trabalho e qual a contribuição da pesquisa para o universo científico.

Os objetivos devem ser escritos de forma clara, sucinta e direta, iniciando-se a frase com um verbo no infinitivo e devem estar alinhados com a justificativa, com o problema a ser investigado e com o tema.

Os objetivos devem necessariamente estar respondidos na análise dos resultados.

• **Objetivos gerais**: são os que demonstram de forma mais abrangente ao que a pesquisa quer responder.

Exemplo

1) Entender como o residente médico, em reumatologia, compreende o atendimento ao paciente com fibromialgia.

• **Objetivos específicos**: são os que representam o desdobramento dos objetivos gerais, demonstrando de forma mais específica o que se deseja saber.

Exemplo

1) Desvendar o que o atendimento ao paciente com fibromialgia gera no residente.

Quando há mais que um objetivo, segue-se com a numeração.

Também é possível se escrever os objetivos de forma corrida, sem numeração ou classificação em objetivos gerais e específicos, porém a classificação da Vancouver adota mais o primeiro exemplo.

Exemplo

Objetivamos entender como o residente médico, em reumatologia, compreende o atendimento ao paciente com fibromialgia e desvendar o que o atendimento ao paciente com fibromialgia gera no residente.

3 Definição de termos

É importante que os termos principais a serem utilizados no estudo, com auxílio de dicionário, sejam definidos; que haja definições operacionais ou técnicas adequadas ao trabalho, em consonância com a linha de pensamento do pesquisador ou da área pesquisada.

Exemplo

Neste estudo, o uso da palavra "dor" (entre aspas) marca todo o envolvimento que o sentir a dor acarreta para a vida do paciente.

A palavra "compreensão" traduz o ato ou a facilidade em perceber, em apreender o que o outro (paciente) transmite. Nesta pesquisa representará o ato de capturar a informação transmitida pelo paciente acerca de seu sofrimento com a doença. Para Gadamer (2000a) aquele que compreende, o faz segundo seu próprio referencial.

"Acolhimento" representa recepção, atenção e consideração, segundo o dicionário da língua portuguesa Ferreira (1986). Na pesquisa será utilizado como a atitude do médico em escutar a pessoa que sofre.

A definição destes termos propicia o entendimento do processo sutil formado na relação de atendimento entre o médico e o paciente.

4 Justificativa

A justificativa representa o porquê da escolha do assunto.

É importante que se torne claro ao leitor qual o interesse do pesquisador e qual a importância e a relevância para a área em que se insere a pesquisa.

Deve conter informações sobre qual a metodologia escolhida, pois o leitor já direcionará sua forma de pensar e de analisar a pesquisa a partir dessas orientações.

Pode estar ligada diretamente à introdução ou ser um item à parte, porém dentro desta primeira fase de apresentação do trabalho.

Exemplo

A metodologia de pesquisa qualitativa foi escolhida por ter como critérios a escolha intencional da amostra. Decidiu-se não formular hipóteses antecipadamente para que o desenho da pesquisa acontecesse com a coleta das informações. Desta forma, retrata-se uma amostra pontual do atendimento médico ao paciente com fibromialgia.

5 *Hipótese – pressuposto*

Então há hipótese?

Pensei que na metodologia qualitativa não houvesse hipóteses.

Sim. Há hipótese ou pressuposto. Isto é o que norteia o pensamento do pesquisador para a escolha da metodologia.

Um problema pode ter várias hipóteses ou nenhuma hipótese *a priori*. As hipóteses são provisórias, pois poderão ser confirmadas ou não, ao longo do desenvolvimento da pesquisa.

São as hipóteses que orientam o planejamento dos procedimentos necessários à execução da pesquisa. Ela define até aonde o pesquisador quer e pode chegar.

Quando a pesquisa é quantitativa, a hipótese é sempre explícita. Ela representa a descrição das possíveis respostas dadas/encontradas para o problema que está sendo pesquisado.

Na pesquisa qualitativa a hipótese pode ser explícita ou implícita, representa um pressuposto, que poderá ser ou não verificado em função do resultado. As hipóteses poderão surgir ao longo da pesquisa, que extrairá as informações diretamente do sujeito/pesquisado e/ou do contexto.

A intencionalidade na metodologia qualitativa tem um propósito: – Quero saber qual é a rotina, de um dia, de mulheres com artrite reumatoide. Na busca intencional pode ou não haver hipótese.

Na metodologia quantitativa sempre há uma hipótese, *a priori*, a ser investigada com métodos estatísticos que respondem como verdadeira ou não à hipótese.

6 Revisão de literatura

Este é o segundo momento de busca de informações na literatura. Para iniciar a revisão da literatura, a metodologia e os métodos já devem estar definidos, pois é fundamental que haja uma revisão do material literário sobre o tema, com o uso dessa metodologia proposta, com pesquisas que utilizaram a mesma metodologia escolhida, porém em outras áreas ou com outros temas na área da saúde.

Este é o momento de busca de informações na literatura a respeito de quais autores já publicaram sobre o assunto, quais aspectos foram abordados.

A revisão de literatura é fundamental porque:

• Evita a duplicação, a perda de tempo em pesquisar o que já existe sobre o mesmo assunto com o mesmo enfoque.

- Fornece coordenada para a elaboração do processo em busca da resposta ao problema a ser estudado.

- Traz a fundamentação teórica e a estruturação conceitual que dará sustentação ao desenvolvimento da pesquisa.

Para que a revisão de literatura dê suporte ao trabalho ela deve ser coerente com a proposta de investigação do mesmo, em relação ao tema, aos autores que pesquisam esse tema, muitas vezes sendo necessário ir em busca de aprofundamentos em outras áreas do conhecimento para compreender o que alguns autores propõem. Por exemplo, uma pesquisa qualitativa na área da saúde que envolve estudos sobre a cultura do sujeito em relação ao adoecimento e a cura deverá buscar literatura em várias áreas do conhecimento: antropologia, sociologia, saúde, entre outras.

Além disso, em algumas situações, o pesquisador deve adaptar a linguagem para a compreensão do leitor. Neste item, vou relatar minha experiência pessoal:

- Minha dissertação de mestrado envolvia conhecimentos da área da saúde, porém a proposta de método era a fenomenologia hermenêutica, assunto pouco visto, ainda, nesta área. Tive que apreender o conhecimento com as leituras e transcrevê-lo em linguagem "comum" para a área da saúde, com ajuda de especialista da área de fenomenologia hermenêutica e sem perder o rigor técnico dos respectivos métodos.

O modo como se relata um assunto interfere na compreensão do leitor. Quando o leitor é leigo no assunto ou a literatura não é acadêmica, ele buscará recursos na sua experiência de vida para compreender o que está lendo, ou terá que recorrer ao auxílio de pessoas ou outros materiais escritos para a sua compreensão.

Quando o leitor possui uma formação acadêmica, buscará recursos internos para uma compreensão da leitura. Pautará a orientação nos conhecimentos adquiridos em sua formação.

Por isso é fundamental que o pesquisador, quando estiver realizando uma pesquisa em uma área diferente de sua formação, escreva de forma adequada àquela área, para que haja um maior grau de compreensão.

A proposta não é escrever o que o leitor quer ler, mas que o pesquisador escreva um trabalho científico com uma linguagem compreensível para aquela área à qual se propôs a pesquisar, sem, contudo, perder o rigor da escrita científica.

O trabalho científico deve relatar com clareza as informações obtidas, para que o leitor acompanhe passo a passo o que foi feito.

O pesquisador deve ter o cuidado em usar uma linguagem compreensível, sem "chavões", vícios de linguagem, gírias e abreviaturas sem a respectiva informação. O ideal é que a expressão esteja por extenso e a sigla entre parênteses.

Tanto o pesquisador em metodologia qualitativa quanto em quantitativa devem ter clareza em seus escritos; porém o primeiro, precisa ter tudo isto em mente ao escrever, inclusive porque isto trará confiabilidade ao seu trabalho; para o segundo, todas estas informações são importantes, porém ele apoiará mais sua escrita em dados estatísticos.

A compreensão do texto de modalidade quantitativa se dará pela expressão do pensamento de forma adequada ao idioma, enquanto para a pesquisa em metodologia qualitativa todo o diferencial de confiabilidade, validade e compreensão está na forma de escrever e transmitir os dados subjetivos com riqueza e clareza.

Então qual é a proposta?

A proposta é escrever um trabalho científico embasado na revisão da literatura, tornando clara a informação trazida pelos diversos autores, por meio de uma linguagem acessível e compreensível ao leitor daquela área de pesquisa.

Estes aspectos tornam-se muito importantes na orientação e condução do pesquisador, durante o processo de investigação. Ele deve compreender que está realizando uma tarefa em prol da ciência; não basta que ele saiba, é necessária a transmissão adequada ao leitor para a reprodução de seu trabalho ou guiar outras pesquisas.

O pesquisador não deve copiar o pensamento dos autores, ele deve discutir o assunto abordado e aquilo que apreendeu enquanto conhecimento. As citações devem ser colocadas na íntegra quando estas representarem um pensamento importante de um autor, respeitando-se, é claro, as normatizações científicas de escrita do pensamento ou da citação dentro do texto e em relação à ordenação dos autores nas referências bibliográficas.

Por exemplo, na área da saúde existe uma recomendação para que se utilize a padronização denominada Vancouver Style, para que sejam mantidos os padrões internacionais das revistas indexadas pela National Library of Medicine. Esta padronização vem sendo utilizada desde 1978.

A pesquisa pode ser feita em diversos materiais escritos ou eletrônicos, em documentos e principalmente o uso dos bancos de dados de informações científicas que possuem artigos publicados em diversos idiomas, mas deve ser respeitada a forma apropriada de escrita da referência bibliográfica.

Algumas escolas, faculdades, instituições ou universidades na área da saúde adotam ainda a ABNT e outras já utilizam o sistema da Vancouver Style, que inclusive é o mais aceito para as publicações de artigos científicos.

7 Métodos

O método deve ser esclarecido e descrito "passo a passo", pois o leitor deverá acompanhar as informações para criar uma imagem mental daquilo que foi realizado.

É um vivenciar "virtual" dos procedimentos, para isto são necessárias informações sobre os caminhos percorridos desde a escolha do tema até a obtenção dos resultados.

Todos estes detalhes enriquecem a pesquisa de modalidade qualitativa, demonstrando segurança e conhecimento por parte do pesquisador e confiabilidade por parte do leitor.

É importante que se forneça informações sobre o local e o acesso para a realização da pesquisa.

7.1 Tipo de estudo

São as explicações necessárias para que se compreenda como foi realizada a pesquisa.

Exemplo

Esta é uma pesquisa em metodologia qualitativa realizada junto dos residentes em reumatologia em três instituições hospitalares da rede pública da cidade de São Paulo e retrata a compreensão sobre o atendimento ao paciente com fibromialgia.

A pesquisa foi realizada por meio de uma coleta de discursos espontâneos orais, em que o residente discorre livremente sobre o tema da interrogação: – O que é isto para você, atender ao fibromiálgico?

O discurso do sujeito sofre três reduções para se alcançar o princípio de sentido atribuído. Busca-se o que é a "lei" (comum) nos discursos dos sujeitos, baseada na fenomenologia hermenêutica.

7.2 Sujeitos

O sujeito é escolhido intencionalmente na pesquisa de modalidade qualitativa, porque se deseja investigar algum fenômeno em que ele ou grupo estejam envolvidos.

Deve ficar claro como se deu a opção pelo sujeito, a quantidade de sujeitos escolhidos e se serão tratados pela técnica de saturação.

Exemplo

A escolha da amostra da pesquisa qualitativa é intencional e o objetivo é aprofundar o conhecimento do objeto estudado, por isso participaram da pesquisa todos os residentes do segundo ano de Reumatologia. E a escolha pelo segundo ano foi baseada nas referências bibliográficas que justificam a maior compreensão do residente neste ano.

Não se utilizou o critério de saturação porque a intenção foi coletar a resposta de todos os residentes, num total de quinze (15) médicos, nos três hospitais.

Todos os residentes já haviam sido avisados antecipadamente pelos chefes da disciplina sobre a realização da pesquisa, portanto ninguém se mostrou surpreso ou indisponível para a entrevista quando abordado pelo entrevistador.

7.2.1 Saturação

A pesquisa de modalidade quantitativa ou a pesquisa de modalidade qualitativa podem utilizar a técnica de saturação.

Saturação ocorre quando o dado se torna repetitivo. O *nomos* se manifestou.

Na pesquisa de modalidade qualitativa o pesquisador decide se ele quer usar a saturação ou se ele vai coletar todos os dados, de todos os sujeitos escolhidos.

7.2.2 Critérios de inclusão e exclusão

O que será incluído na pesquisa, o que será excluído e como isto será feito.

Exemplo

Após o contato inicial com o chefe da disciplina e a autorização por escrito para a realização da pesquisa, foi agendado com o residente o dia para a coleta de dados.

Toda a explicação da pesquisa foi apresentada verbalmente, sendo entregue a carta convite com os mesmos dados já orientados, para que o residente lesse e assinasse antes da entrevista.

O critério de inclusão é o aceite ao convite para participação do projeto.

O critério de exclusão é a recusa ao convite para participação do projeto, em qualquer etapa. Os indivíduos que desistissem do projeto seriam classificados como desistentes.

Todos os residentes aceitaram participar sem nenhum constrangimento. Não houve nenhuma situação que merecesse destaque, todas as entrevistas ocorreram com tranquilidade.

7.2.3 Validade

A validade ou não da pesquisa qualitativa muitas vezes está relacionada às críticas.

A proximidade entre pesquisador e sujeito/pesquisado, requisito necessário para a metodologia qualitativa, é um dos pontos que sofrem crítica e coloca em dúvida o rigor da pesquisa.

O pesquisador para realizar uma pesquisa com a metodologia qualitativa necessita entender o quanto é importante sua aproximação com o sujeito e o quanto sua postura ética trará bons resultados, porém não basta que faça isto, é fundamental retratar por escrito.

Outro aspecto que sofre crítica diz respeito à representatividade. A dúvida está no julgamento do quanto uma pesquisa qualitativa, que focou um estudo de caso, uma situação única, pode ser representativa para outros casos ou situações. Porém pode-se afirmar que um único caso pode ser resposta a um problema, pois ele estará representando "uma fatia", um *momentum*, um "recorte", que não só responde ao problema, como também poderá levar a novas hipóteses, pressupostos para novas pesquisas e à expansão da ideia a outros casos semelhantes ao estudado.

Há também a preocupação quanto à generalização com os dados obtidos na pesquisa com metodologia qualitativa. E ao pensar-se assim, faz-se uma comparação com a metodologia quantitativa em que é possível a generalização.

Deve-se lembrar, portanto, que a concepção inicial da metodologia qualitativa é diferente da metodologia quantitativa, não é o seu objetivo a generalização, mas a transmissão de informações vindas do objeto pesquisado e/ou a análise do fenômeno.

O que deve sustentar a validade da pesquisa com metodologia qualitativa é o rigor com que o pesquisador realiza sua tarefa em campo e escreve sobre os dados achados e faz suas análises e interpretações demonstrando-as com clareza.

A metodologia qualitativa trata exclusivamente de significados e processos e não de medidas; os resultados são apresentados de forma descritiva e não numérica. É de extrema importância ressaltar que depende do rigor da intuição e da habilidade do pesquisador em manusear técnicas e recursos para retratar o fenômeno.

A autoridade do pesquisador também se manifesta pela circunstância de que aquilo que ele pesquisa e investiga faz parte de seu mundo, o que certamente abarca o conhecimento operativo e o científico.

Exemplo

A interrogação foi feita ao residente sempre do mesmo modo, deixando-o livre para falar. Em todas as entrevistas o entrevistado e entrevistador mantiveram o tom de voz calmo e a expressão verbal e corporal tranquilas.

Devo reforçar a ideia de que a forma como se chega à elaboração da interrogação e como se procede à mesma na relação pesquisador-pesquisado é de extrema importância.

A interrogação tem que abranger a ideia daquilo que se deseja saber. O objetivo em se fazer uma pergunta é obter uma resposta adequada, uma resposta que realmente responda àquilo que se quer saber.

7.3 Procedimentos

Na pesquisa de modalidade qualitativa a clareza dos instrumentos utilizados é fundamental. Devem ser apresentadas todas as especificações dos materiais e dos equipamentos empregados:

a) Se foi utilizado gravador, quantos? De que tipo?

b) Se as entrevistas gravadas foram transcritas no mesmo dia ou não e se houve alguma interferência.

c) Qual o *setting* de realização das entrevistas.

Tudo que aconteceu deve ser explicado passo a passo. Isto dará segurança e compreensão ao leitor sobre a pesquisa.

Exemplos

Pedido de autorização escrita ao chefe da disciplina de reumatologia de cada instituição para se realizar a pesquisa.

Agendamento de data para entrevistas com os residentes.

Informação verbal e escrita a cada um dos residentes sobre a pesquisa.

Coleta do termo de consentimento por escrito dos residentes para a gravação do discurso espontâneo e uso dos dados para publicação.

Coleta e análise do discurso espontâneo.

7.3.1 *Material*

É a descrição de todos os recursos usados para a realização da pesquisa.

Exemplo

O material são os discursos espontâneos dos residentes para obtenção de dados quanto à compreensão do atendimento ao paciente com fibromialgia.

O contato com o residente foi no ambulatório. A entrevista foi gravada a sós. O gravador só era mostrado após explicações sobre a pesquisa e a coleta da assinatura de consentimento para participação no projeto juntamente com a divulgação dos dados sem referência de nomes ou localidades.

Foram levados a campo dois gravadores, um digital e um com fita, tendo sido usado apenas o digital. Não houve intercorrência alguma em nenhuma entrevista.

A menor entrevista teve o tempo de cinco minutos e a mais longa vinte e um minutos. Não houve predominância de tempo em relação ao hospital. Nenhum residente demonstrou desconforto em relação ao gravador.

O gravador digital facilitou a transcrição no mesmo dia das entrevistas. Ao término de todas as transcrições se iniciou o processo de análise.

7.3.2 Observação

A observação em pesquisa de modalidade qualitativa é um "olhar" que se utiliza dos sentidos para obtenção de informações sobre o fenômeno pesquisado. Ela requer um planejamento, é necessário que se saiba o porquê da utilização desse procedimento. O que tornará esse instrumento válido e fidedigno para a investigação científica é o manuseio adequado pelo pesquisador.

a) A observação pode ser quanto à sistemática

1) Observação assistemática: não há planejamento e controle prévios.

2) observação sistemática: elabora-se um planejamento, prévio e realizam-se controles para obtenção das respostas.

b) A observação pode ser quanto ao número de pesquisadores

1) Observação individual: realizada por um pesquisador.

2) Observação em equipe: feita por um grupo de pesquisadores.

c) A observação pode ser quanto ao *setting:*

1) Observação na vida real: os dados são registrados à medida que ocorrem.

2) Observação em laboratório: o pesquisador exerce controle.

7.4 Entrevista

É o momento experienciado pelo pesquisador e o sujeito para obter informações sobre aquilo que se tem como problema. Esse momento é um "encontro" na pesquisa de modalidade qualitativa, que envolve empatia, percepções, sentimentos e emoções de ambas as partes. Há uma interação entre as pessoas envolvidas.

Só se aprende a fazer entrevista fazendo. O conhecimento das técnicas de entrevista pelo pesquisador é importante, porém, é com o tempo que ele adquire uma postura adequada para fazer as perguntas.

O treino possibilitará ao pesquisador avaliar a si mesmo, quanto à indução de resposta, a linguagem corporal (manifestação de gestos que denotam dúvida, desconfiança, aprovação, rejeição, entre outros), a comunicação verbal clara e o estabelecimento de uma relação empática.

Realizar entrevistas é algo que leva o pesquisador ao desenvolvimento de suas percepções, é algo que se aprende essencialmente em campo e cada entrevista é única, pois envolve um sujeito diferente em cada situação.

Esta diversidade é rica enquanto informação para uma pesquisa de modalidade qualitativa.

A entrevista pode ser:

a) Padronizada ou estruturada: roteiro previamente estabelecido; perguntas preestabelecidas.

b) Não estruturada: não há um roteiro pré-fixado. Algumas questões são exploradas mais amplamente.

Em ambas as situações podem ser feita a abordagem de forma oral ou escrita, o pesquisador pode escrever as informações ou o sujeito pode responder aos questionamentos que estão sendo gravados.

c) Semiestruturada: há um roteiro previamente estabelecido, há perguntas preestabelecidas, porém se estabelece uma conversação continuada entre pesquisador e sujeito, dirigida pelo pesquisador para atender aos seus objetivos.

Na entrevista gravada deve-se levar 2 gravadores, pois na falha de um há outro pronto para ser recolocado naquele momento, caso contrário, o contexto sofrerá modificações devido ao recomeço da entrevista, será um novo *setting*. E, quando isto ocorrer, deve ser registrado o fato e descrito na pesquisa.

É importante que a entrevista tenha um planejamento e que o mesmo seja escrito no trabalho científico.

Exemplo

O período entre a primeira entrevista e a última foi de 45 dias (dezembro/2004 a janeiro/2005), sendo que no hospital A foram feitas duas visitas, no hospital B uma visita e três visitas no hospital C, para que se completasse o número de entrevistas a todos os residentes.

O primeiro período de análise das transcrições teve duração de três meses (fevereiro a abril/2005). Refere-se à análise idiossincrática, que é a redução da fala do sujeito em unidades significativas, que trazem o significado dado pelo sujeito ao fenômeno.

O segundo período de análise teve a duração de três meses (maio a julho/2005). Refere-se à separação das unidades significativas em ponto comum entre os sujeitos entrevistados.

O terceiro período de análise teve a duração de dez meses (agosto/2005 a julho/2006). Refere-se à análise nomotética que constrói uma rede de significados e a interpretação dos dados.

Todas estas etapas contaram com auxílio de orientador especializado na área da fenomenologia hermenêutica e, paralelamente às análises das transcrições, desenvolvia-se o estudo teórico sobre a fenomenologia para embasar as interpretações da fala do sujeito.

O método adotado para analisar os discursos dos sujeitos é a análise idiossincrática e nomotética.

O primeiro procedimento foi ler e grifar no texto a resposta à pergunta: – O que é isto para você, atender ao fibromiálgico? Em seguida, separá-lo em frases que representem como o residente compreende o atendimento.

Inicia-se a etapa de análise idiossincrática, que é análise de cada frase e redução das mesmas em unidades significativas, ou seja, é o transcrever para a linguagem formal (norma culta) a fala do sujeito.

Posteriormente, faz-se a junção das unidades significativas em asserções articuladas, o que significa que todo o discurso inicial do sujeito foi reduzido em frases que expressam o significado atribuído por ele. Este procedimento é feito para cada discurso de cada sujeito.

Tendo todas as análises reduzidas em asserções articuladas, procede-se a leitura das mesmas para separá-las em uma rede de informações similares.

A análise nomotética toma como base essa rede de informações, convergindo às asserções articuladas para pontos comuns. Chega-se a cinco (5) tópicos diferentes, que recebem o nome de proposições e definem como o residente compreende o atendimento ao paciente com fibromialgia e o que ele percebe ao prestar esse atendimento.

Relembrando pontos importantes

• O entrevistador deve ter algum conhecimento prévio acerca do entrevistado ou autoridade em relação ao assunto escolhido.

• Agendar horário e local para entrevista.

• Coletar autorização para a realização da entrevista.

• Explicar sobre o uso do gravador, quando utilizado.

- Garantir confiabilidade e sigilo; saber lidar com o imprevisto.
- Ter um número suficiente de sujeitos ou definir o número antecipadamente.

7.4.1 Pergunta

Seja qual for a modalidade de pesquisa qualitativa ou quantitativa, o pesquisador deve ter clareza ao elaborar as perguntas:

a) saber o que perguntar;

b) como perguntar;

c) a quem perguntar (individualmente ou em grupo);

d) onde perguntar (espaço e tempo);

e) quantas entrevistas deve realizar, e se vai utilizar o método de saturação.

Principalmente na pesquisa de modalidade qualitativa, tudo isto deve fazer parte do processo de pesquisa, pois o como perguntar é de extrema importância para atingir o sujeito e obter respostas que possam realmente servir como resultado.

Heidegger cita que ao questionar busca-se o sentido e quando se investiga propõe-se a questão previamente concebida (Feijoo, 2000).

Gadamer (2004a) aborda que o sentido da pergunta é a única direção que a resposta pode adotar, o como se pergunta interfere na resposta. Perguntar é mais difícil que responder.

A elaboração da pergunta necessita de um ato de reflexão intenso por parte do pesquisador. É necessário clareza do que se deseja saber para que se estabeleça um questionamento a ser feito ao sujeito. Essa interrogação deve gerar um momento de reflexão.

Toda a intenção do que se deseja saber é colocada na pergunta, esperando-se que esta cause uma ruptura no pensamento do interrogado.

O interrogado é colocado sob uma determinada perspectiva daquilo que se interroga, que permanece em suspenso até a exposição da resposta.

Quando uma pergunta é feita de forma inadequada, sem se ter clareza do que se deseja obter como resposta, esta também virá de forma inadequada, pois não atingiu o sujeito questionado de forma a levá-lo a uma reflexão sobre o que lhe foi perguntado.

O pesquisador desenvolve sua própria postura para realizar uma entrevista, para elaborar perguntas a diferentes pessoas e em diferentes circunstâncias.

Somente o treino levará o pesquisador a ter uma análise melhor de como elaborar a pergunta e de como fazer a entrevista.

Uma maneira de ir adquirindo experiência e uma crítica positiva é realizar a entrevista e ouvir a própria voz nas gravações, avaliando criticamente o próprio desempenho de modo a corrigi-lo.

Elaborar roteiros de entrevistas e formular perguntas não é uma tarefa de fácil execução, apesar de parecer simples, pois uma pergunta mal elaborada e malfeita trará respostas não apropriadas àquilo que se deseja saber, mesmo que esteja condizente com aquilo que foi perguntado.

As situações de contato exigem experiência do pesquisador, atenção para as divagações e controle da situação para que possa intervir quando necessário, caso contrário, corre o risco de ter a entrevista inutilizada.

7.4.2 Questionário

São perguntas ordenadas de forma lógica, construídas por blocos temáticos, que devem ser respondidas por escrito pelo sujeito.

O questionário deve conter instruções precisas, a linguagem deve ser clara e objetiva, o número de questões deve ser limitado, e o conjunto em si deve ser adequado ao sujeito pesquisado para trazer respostas relevantes.

As perguntas não podem ter dupla interpretação ou mais de um questionamento na mesma questão, não devem sugerir ou induzir a resposta.

A questão deve enfocar apenas conteúdos relacionados com os objetivos da pesquisa.

Não elaborar perguntas que de antemão já se sabe que não serão respondidas com honestidade e não escolher sujeitos pouco confiáveis para responderem ao questionário.

As perguntas do questionário podem ser:

a) abertas: é a manifestação da opinião;

b) fechadas: é a escolha entre duas opções: sim ou não;

c) de múltiplas escolhas: é do sistema fechado, porém com várias possibilidades de respostas;

d) formulário: são perguntas feitas ao sujeito entrevistado e anotadas pelo pesquisador.

7.5 Coleta de dados

A coleta de dados representa a pesquisa de campo propriamente dita. Um dado importante na pesquisa qualitativa é exatamente este, como realizar a pesquisa em campo, pois tudo que acontece é de relevância para a pesquisa.

Relembrando alguns dados já citados anteriormente como importantes:

- o planejamento de todo o processo;
- agendar horário e local;
- discrição nas atitudes;
- explicar os motivos da pesquisa.

A atitude do pesquisador em campo deve ser explicada; somente assim não será alvo de críticas. As críticas vindas, por parte do leitor, são devido a falta de compreensão do processo, a falta de informação, que geram dúvidas em relação à proximidade estabelecida entre pesquisador e pesquisado.

Se o pesquisador for cuidadoso em seu planejamento, na escolha de procedimentos e no número de sujeitos adequados, a coleta de dados não representará uma dificuldade, nem para a execução e nem para a análise.

Exemplo

Definiu-se que esta pesquisa seria realizada em três unidades hospitalares, com características de hospital-escola da rede pública, que possuem residentes médicos. São convidados a participar do estudo todos os residentes do segundo ano de reumatologia: hospital A – seis (6) médicos, hospital B – dois (2) médicos e hospital C – sete (7) médicos.

8 Resultados

Os resultados devem ser descritos passo a passo, bem como o processo utilizado para a sua obtenção.

A descrição pode ter o apoio de recursos, como tabelas, figuras e gráficos, que tragam a elucidação do que está sendo apresentado como resultado. Na pesquisa qualitativa não se trabalha com os dados numéricos, o que não impede a existência de ilustrações elucidativas, tabelas, gráficos entre outros, porque a explicação dada não se baseia em números ou estatística e sim na clarificação do fenômeno.

Os resultados em pesquisa qualitativa, assim como a discussão, devem estar presentes como parte da reflexão da pesquisa.

9 Discussão

A discussão se ocupa em observar os dados apresentados no resultado e comparar com as citações da revisão bibliográfica, porém não há necessidade de citá-las novamente; é uma forma analítica de abordar o assunto, de interpretar a coerência entre os fatos encontrados e as observações dos autores ou se foram encontrados fatos reveladores de novas hipóteses.

É um olhar sobre o que foi revelado nos resultados de forma a discuti-los em relação a ideias de diferentes autores, sob diferentes óticas e se atingem os objetivos propostos.

10 Conclusão

A conclusão deve ser clara, breve e convincente.

A conclusão finaliza o trabalho como um todo. Ela deve estar fundamentada nos resultados e demonstrar se os objetivos foram atingidos, se hipóteses ou pressupostos foram confirmados ou não, para que servirão os dados encontrados e qual a contribuição da pesquisa para o meio acadêmico e/ou científico.

Contudo entende-se, em metodologia qualitativa, que demonstrar o objetivo está relacionado à modalidade qualitativa em si, diferentemente da modalidade quantitativa, em que demonstrar o objetivo é responder a hipóteses.

Na pesquisa com o uso da metodologia qualitativa a conclusão é aquela à qual o pesquisador chegou como demonstração dos dados obtidos. Ele propôs um desenho no início, que pode ter sido ou não reorientado ao longo do procedimento. O objetivo diz respeito àquilo que ele quer obter com essa pesquisa, portanto a conclusão abrangerá a tudo isso.

Por isso em uma pesquisa qualitativa a conclusão está sujeita às ações adequadas do pesquisador desde o início da pesquisa, pela escolha correta do método, pela formulação adequada da interrogação a que se propõe investigar enquanto problema pela forma como o pesquisador coleta os dados e os discute a fim de se chegar a uma conclusão.

Segundo Rother & Braga (2001), o título do capítulo obedece à sequência numérica do trabalho, grafado em algarismos arábicos e deve ser escrito com letras maiúsculas: CONCLUSÃO para um único item e CONCLUSÕES, quando mais do que um.

5

Referências

O pesquisador deve escolher o livro de metodologia científica que normatizará o trabalho segundo sua área de pesquisa, pois conforme já foi citado existem algumas diferenças de padronizações a serem adotadas, apesar de todas as orientações tomarem como base a Associação Brasileira de Normas Técnicas (ABNT) ou a Vancouver Style (na área da saúde).

Pode-se dizer que referência é um conjunto de elementos que permitem a identificação, *a posteriori*, da obra ou autor citado em um escrito.

As referências devem conter obrigatoriamente estes elementos, nesta ordem:

1) Autor

2) Título

3) Edição

4) Local de publicação

5) Editora

6) Data de publicação

Exemplos

Turato Egberto Ribeiro. Tratado de metodologia da pesquisa clínico-qualitativa. Petrópolis: Vozes, 2003.

Giles TR. A história do existencialismo e da fenomenologia. São Paulo: EPU, 1989.

Fletcher RH, Fletcher SW, Wagner EH. Epidemiologia clínica: elementos essenciais. Traduzido por: Schmidt MI. 3ª ed. Porto Alegre: Artmed, 1996.

Mello Filho Julio de, organizador. Identidade médica. São Paulo: Casa do Psicólogo, 2006.

Missenard A et al. A experiência Balint: história e atualidade. São Paulo: Casa do Psicólogo, 1994.

Deve existir a informação de quando o livro foi traduzido, se foi elaborado por organizadores ou colaboradores ou um número grande de autores, que serão identificados por "et al".

As citações de autores no texto devem estar presentes nas referências bibliográficas. Não se pode citar um trabalho nas referências bibliográficas sem sua citação no texto ou vice-versa.

São dois os sistemas de citação de autores no texto:

a) Sistema numérico

Exemplo 1

Aristóteles escreveu em *De Anima*, que a dor perturba e destrói a natureza da pessoa que a sente (1).

Exemplo 2

O estresse da profissão médica pode ser dividido em três categorias (4-6).

Nas referências bibliográficas o nome dos autores aparecem sequencialmente, pelo sobrenome, de acordo com seu aparecimento no texto, demarcado pelo numeral entre parênteses.

Após o autor receber uma numeração ele pode ser citado novamente no texto, porém manterá a numeração recebida na primeira citação e não haverá necessidade de renumerá-lo.

Quando há mais de um autor que se refere ao mesmo tipo de citação, colocam-se os dois numerais a eles atribuídos entre parênteses e na sequência crescente.

b) Sistema alfabético

Exemplo 1

Caracteriza-se pela queixa de dor músculo-esquelética difusa e intensa, que afeta principalmente os músculos e seus locais de fixação nos ossos, com duração superior a três (3) meses (Feldman, 2001).

Exemplo 2

Segundo Yoshikawa (2005) o quadro doloroso presente na fibromialgia modifica o estilo e a qualidade de vida dos pacientes, restringindo as atividades diárias e influenciando negativamente a saúde mental, prejudicando a capacidade para o trabalho e as relações familiares e sociais.

Nas referências bibliográficas o nome dos autores aparece sequencialmente, pelo sobrenome, de acordo com a ordem alfabética.

A revisão de literatura não é usada para se fazer colagem de citações bibliográficas. É importante a fundamentação de autores que já pesquisaram sobre o assunto e a utilização do pensamento deles para elaborar a discussão. Quando necessário pode haver uma citação na íntegra seguindo-se as orientações:

a) Citação direta

Exemplo 1

"É o envolvimento do profissional que torna a relação com o paciente um encontro gratificante e construtivo para ambas as partes" (Feldman, 2002).

Exemplo 2

"Procurei sempre ensinar aos meus alunos o lado humano e científico de nossa tão amada profissão. Coloquei toda minha alma na configuração dessa fabulosa personagem de ser médico. Cumpri, dentro de minhas forças, o juramento que pronunciei cujas palavras ficaram gravadas em mim como arma de fogo e não palavras ao vento, no decurso de uma cerimônia. Amei generosamente meu semelhante para poder melhor servi-lo. E o amor se vive ou não se vive. E, quando se vive verdadeiramente ultrapassa o tempo e persiste na eternidade. Não há missão cumprida que não seja o amor a cumpri-la. Não há possibilidade de ciência sem o amor da verdade. Não há recusa ao mal sem o amor do bem" (Lacaz apud Iwamamoto, 2003).

Quando a citação ultrapassa 3 linhas, diminui-se a fonte e o parágrafo. Em trabalhos na área da saúde não é comum esta prática.

b) Citação indireta

Exemplo

Feldman (2002) lembra que o profissional da área da saúde precisa estar atento a todo *status* que a sociedade lhe atribui. Principalmente o estudante, à medida que evolui no curso, sente-se mais seguro, transmitindo a imagem de poderoso em relação à vida e à morte.

c) Citação de citação

Exemplo 1

Segundo Dansak (1973) apud Cailliet (2002), o benefício terciário é aquele pensado ou obtido por outra pessoa, por meio da doença do paciente.

Exemplo 2

"A atitude do médico na relação médico-paciente tem um sentido (psico)terápico, seja ou não esta a intenção do médico. São importantes as atitudes, gestos e palavras" Carl Rogers (1991) apud Rossi (2004).

Todos os exemplos utilizados neste livro quanto às referências bibliográficas estão baseados na padronização denominada Vancouver Style, utilizada para a área da saúde, de Rother & Braga (2001).

A pretensão deste livro é dar informações quanto ao processo de escrita de um trabalho científico em que se utiliza a metodologia qualitativa e não orientar quanto a todas as normatizações técnicas para a confecção do trabalho (capa, formatação, paginação, entre outras). Por isso, sugere-se a utilização de outros livros que orientem normatizações específicas de acordo com a área de pesquisa.

6

Recomendações importantes

1 A escrita

A linguagem em um texto científico deve ser adequada e conter começo, meio e fim em cada etapa do trabalho, além de critérios específicos de elaboração, quanto à forma de expor o conteúdo e a construção do documento que envolve:

a) Elementos de pré-texto: capa, errata, folha de rosto, ficha catalográfica, folha de identificação, termo de aprovação, dedicatória, agradecimentos, sumário, listas (abreviaturas, figuras, tabelas e quadros) e resumo.

b) Elementos de texto: introdução (objetivos, definição de termos, hipóteses e justificativas), revisão da literatura, métodos, resultados, discussão e conclusão.

c) Elementos de pós-texto: anexos, referências bibliográficas, abstract, resumo, apêndice, glossário, bibliografia consultada e contracapa.

Para a realização da pesquisa qualitativa é necessário que o pesquisador seja treinado para a execução dos métodos e também para a elaboração da escrita que deve ser clara e objetiva, expressando os dados achados pelo pesquisador em relação ao sujeito, de forma a não alterar os significados e transmitir as impressões coletadas.

Inicie e termine o trabalho usando uma única pessoa: primeira pessoa do singular, primeira pessoa do plural ou sujeito indeterminado. A manutenção facilita a leitura.

Exemplos

a) Primeira pessoa do singular: Eu admito que com esta interrogação o residente fará uma pausa em seu pensamento...

b) Primeira pessoa do plural: Nós admitimos que com esta interrogação o residente fará uma pausa em seu pensamento...

c) Sujeito indeterminado: Admite-se que com esta interrogação o residente fará uma pausa em seu pensamento...

2 Apresentação oral e escrita por meio de recursos audiovisuais

A pesquisa qualitativa, por não utilizar dados numéricos em sua apresentação de dados, demonstra o resultado de forma mais descritiva, mesmo que se utilize de tabelas ou gráficos, porém isto não implica uma apresentação em *slide* completamente escrito.

O recurso didático audiovisual serve para auxiliar o apresentador/pesquisador na apresentação de seu trabalho, de forma ordenada. Não é para fazer a transcrição do trabalho no *slide*.

O *slide* e a apresentação oral, quando apresentados de forma inadequada, também depõem contra a imagem da metodologia qualitativa, levando a impressão de despreparo ou de uma pesquisa sem critérios.

Organize os *slides* como sendo um roteiro e de acordo com o tempo que se dispõe para a sua apresentação. Torna-se inconveniente preparar 50 *slides* para exposição em 15 minutos. Evite também a leitura dos *slides*, tenha-os como um guia, um ponto de apoio, pois o pesquisador conhece o assunto e sabe falar sobre ele.

Pesquisador, lembre-se que seu trabalho lhe confere uma valorização profissional, por isso cuide para que seja bem escrito e bem apresentado, além do que o respeito ao leitor e ao ouvinte de uma apresentação oral são fundamentais.

Planejamento e adequação fazem parte do sucesso da apresentação da metodologia qualitativa.

3 Questões éticas

As questões éticas na metodologia qualitativa são muito importantes devido à proximidade entre pesquisador e pesquisado. Pode-se dizer que é uma relação social e política.

Muitas vezes os dados da pesquisa podem ser mais importantes para o pesquisador do que para o pesquisado, os achados podem não contribuir para a vida do grupo ou dos indivíduos, porém, enquanto pesquisa, os dados são fundamentais na vida do pesquisador.

O pesquisador, pelas concepções da metodologia qualitativa, pode investigar grupos com os quais tenha alguma identificação, porém não lhe cabe, em hipótese da intencionalidade da pesquisa, direcioná-la para a satisfação de seus desejos pessoais, profissionais ou políticos.

A pesquisa cabe compreender um fenômeno e não transformá-lo em projeto pessoal ou em fornecer direcionamento ao pesquisado.

7

Processo de elaboração da pesquisa

Tomo como exemplo o processo que realizei para a organização da dissertação de mestrado.

1 Escolha do tema

Atendimento médico aos fibromiálgicos

2 Formulação do problema

Identificação do problema: quero saber como o médico percebe o atendimento que ele dá ao fibromiálgico.

Pensou-se nisto como um problema, após observações do atendimento médico no ambulatório e com a experiência do atendimento psicológico do grupo de fibromiálgicos por 2 anos.

Surgem os questionamentos:

• Como fazer isto?

• Onde?

• Vamos entrevistar médicos?

• Que tipo de entrevista?

- Como fica essa situação no consultório particular?
- Tempo de formado, interfere na resposta?
- Quantos médicos?
- Médicos formados ou residentes?
- Residentes de que ano?
- Médicos ou residentes de onde?
- Quais são as inviabilidades?

Obs.: Mas o que quero saber é como eles percebem o atendimento. Não adianta número de profissionais e sim o que cada um percebe/sente.

O primeiro passo é a busca de um profissional experiente em metodologia qualitativa, pois se percebe que a pesquisa não terá viabilidade com a metodologia quantitativa. Então, a pesquisa passa a ter um orientador em pesquisa quantitativa, professor doutor, médico reumatologista e uma orientadora em pesquisa qualitativa, professora doutora na área de educação e capacitada para orientar quanto à fenomenologia, além da pesquisadora que é psicóloga.

Com a ajuda do orientador em metodologia qualitativa, chegou-se à conclusão que o desenho da pesquisa se daria por meio da fenomenologia hermenêutica, com o uso da técnica de entrevista aberta, com coleta de informações gravadas e posteriormente a análise dos discursos, com o uso da análise idiossincrática e análise nomotética, em função do que se desejava saber: como o médico compreendia o atendimento ao paciente com fibromialgia.

A partir daí, surge a necessidade de uma padronização de sujeitos a serem entrevistados para que os dados obtidos tenham coerência entre si, a fim de se analisar o fenômeno.

Decidiu-se então pelos residentes, pois com o profissional formado surgiria o viés de tempo de formação, entre outros. Baseado na revisão inicial da literatura encontrou-se que o melhor ano a ser pesquisado seria o 2º de residência médica.

Onde buscar o residente?

Decidiu-se que o melhor seria buscá-los em 3 instituições com características semelhantes, portanto 3 hospitais-escola da rede pública de São Paulo.

Tendo o objetivo de compreender como o médico percebia esse atendimento, decide-se não utilizar a técnica da saturação e entrevistar todos os residentes médicos dessas 3 Instituições, que resultaram em 15 entrevistas ao todo.

Surgiu a necessidade de uma questão que estimulasse o residente a expressar livremente o que significava para ele esse tipo de atendimento. Chegou-se à seguinte interrogação como a mais apropriada:

• O que é isto para você, atender ao fibromiálgico?

Acredita-se que com uma interrogação precisa o sujeito pesquisado faz uma pausa em seu pensamento e remete-se à significação interna daquilo que lhe é perguntado, emitindo uma resposta adequada à pergunta.

Também por conteúdos da revisão bibliográfica, sabe-se que o sujeito quando questionado elabora um processo mental de significações e as expressa por meio de gestos e palavras para aquilo que lhe é perguntado.

Quero que percebam que o processo de revisão da literatura é constante, para dar embasamento às dúvidas e aos pressupostos que vão surgindo. A todo momento surgem pontos de questionamento no desenho do problema, que devem ser solucionados durante o processo de planejamento da pesquisa.

3 Título do trabalho

Neste trecho do trabalho são descritas as informações introdutórias de por que pensou-se em realizar uma pesquisa que abordasse este tema, qual o grau de importância para a atualidade, para a área e quais as contribuições para o campo das ciências.

O título deve tornar clara a intenção da pesquisa.

Chegou-se então ao seguinte título: A compreensão do residente médico, em reumatologia, no atendimento ao paciente com fibromialgia.

4 Introdução

O ideal é que também se informe qual é a metodologia proposta para o desenho do trabalho, isto facilita o leitor a dirigir seu pensamento durante a leitura.

Pode-se dizer que a introdução é um apanhado geral das propostas do trabalho correlacionadas a sua importância para a atualidade.

A justificativa pode vir junto do corpo da introdução ou como um tópico a parte. É importante situar na justificativa os motivos que levaram o pesquisador a realizar a pesquisa. Da mesma forma, a definição de termos deve estar presente na primeira etapa da apresentação do trabalho, podendo ser um tópico à parte, ou não, da introdução.

Lembre-se sempre que na pesquisa de metodologia qualitativa é fundamental toda a descrição do processo para facilitar a compreensão do leitor e a validação da mesma.

5 Objetivos

A descrição dos objetivos gerais e específicos deve propor aquilo que se quer saber e o que se deseja atingir com o trabalho. Ao final do trabalho estes objetivos devem estar respondidos e se ao ler os resultados eles não o estiverem, o trabalho não estará concluído, pois o seu fundamento é respondê-los.

Objetivos gerais

1) Entender como o residente médico, em reumatologia, compreende o atendimento ao paciente com fibromialgia.

Objetivos específicos

1) Desvendar o que o atendimento ao paciente com fibromialgia gera no residente.

Não é criar objetivos aleatoriamente. É realmente ter um objetivo, o que se quer saber para se fazer uma pesquisa.

6 Revisão da literatura

Busca de fundamentação teórica para a realização da pesquisa.

O tema do trabalho gira em torno da compreensão do atendimento médico aos fibromiálgicos, portanto em primeiro lugar preciso de fundamentação sobre a patologia. O que é a fibromialgia?

Com a busca de informações sobre a doença e o doente me deparo com a dor como o principal sintoma, então procuro informações sobre o mecanismo de dor. Descubro também que a dor tem um componente emocional.

Descubro também que nesta patologia o conteúdo emocional é muito importante, não só o que está ligado à dor, mas a toda idiossincrasia. Devo compreender o que é emoção, o seu mecanismo e o sentir pelo próprio paciente.

Com esta etapa do processo, fecho a compreensão quanto à doença, o adoecimento e o paciente.

Não é um trabalho que visa à relação médico-paciente, a proposta é a compreensão que o médico residente (como está proposto no título) tem sobre o atendimento ao paciente com fibromialgia. Devo buscar informações sobre o que significa atender um paciente e chego à seguinte atribuição: acolhimento. Então busco o significado de acolhimento no dicionário, ferramenta importante durante o processo de pesquisa para orientar as significações e semiologia da palavra.

Definiu-se que o médico pesquisado seria o residente, então necessito saber quem é este sujeito, por isso me direciono à formação médica, vocação, graduação em medicina e residência.

Tenho agora as informações sobre a doença, o doente, o atendimento e o médico. Compreendida esta etapa vou buscar as informações sobre a metodologia e métodos a serem utilizados na pesquisa.

Segundo as informações da orientadora em metodologia qualitativa, definiu-se que a modalidade utilizada seria a fenomenologia hermenêutica, pois é ela que obtém as significações do sujeito por meio de sua própria expressão colhidas em entrevista aberta, oral e gravada.

Necessito compreender o que é fenomenologia e hermenêutica e como devem ser concebidas na proposta deste trabalho; saber quais pesquisas na área da saúde utilizam esse método e quais foram os procedimentos.

Deve ser feita a compreensão das análises idiossincráticas e nomotéticas, que foram as escolhidas como forma de interpretação dos discursos do residente para identificar a significação dada pelo próprio médico àquilo que lhe foi perguntado.

Devo me preparar para o sistema de coleta de informações, que será a entrevista gravada do discurso livre do residente quando interrogado. Nesta etapa, deve ficar claro como perguntar, tom de voz, jeito de falar, abordagem do residente. Deve ser explicada a pesquisa e o termo de livre consentimento esclarecido, que será dado para o pesquisado assinar. Cuide para não interferir nas respostas por meio das expressões faciais.

A experiência da pesquisadora é importante. Sou enfermeira, psicóloga com especialização em psicodrama, realizava atendimento aos fibromiálgicos no ambulatório, por isso o meio, o sujeito e a doença eram conhecidos e havia uma compreensão da técnica de entrevista, pela atuação profissional.

Não significa que outro profissional não pudesse realizar a pesquisa, toda orientação é para que os pesquisadores em qualitativa desenvolvam o conhecimento prévio daquilo que vão pesquisar e das técnicas que vão utilizar. Deve haver um treino prévio.

A formação do pesquisador é importante, pois ele deve pelo menos estar dentro de sua área de atuação para facilitar o processo de identificação com o meio, com o sujeito e com a comunidade. Não significa inviabilidade quando o pesquisador não é da mesma área em que é realizada a pesquisa, significa a possibilidade de um viés pela falta de experiência, isto vai desde a postura do profissional até a linguagem utilizada, passando por vários percursos no caminho.

7 Método

Organizar o método é dar ordem a tudo que foi intencionalmente pensado, pesquisado e planejado (ver itens específicos do método), além de desenvolver a escrita do trabalho baseada no método escolhido para direcionar a pesquisa.

Segundo o exemplo oferecido, a pesquisa deve desenvolver-se sob a ótica do método da fenomenologia hermenêutica, então o método explicou qual seria a modalidade de pesquisa para que no resultado, na discussão e na conclusão seja enfocada a revelação do fenômeno, que é a compreensão do médico residente no atendimento ao paciente com fibromialgia.

8 Resultado

O resultado deve ser proposto em função dos dados coletados, o que foi levantado junto ao sujeito pesquisado.

O resultado deve ser apresentado de forma descritiva e pode receber o auxílio de tabelas ou gráficos, que também serão discutidos de forma a descrever o fato revelado na coleta de dados.

Exemplo

O resultado desta pesquisa trouxe os significados atribuídos pelos residentes médicos em reumatologia à compreensão ao atendimento do paciente com fibromialgia, revelando suas percepções do social, cultural, do psicológico do paciente e de si mesmo.

9 Discussão

A análise e discussão dos resultados devem ser feitas mediante a comparação entre os resultados obtidos e a revisão da literatura, para saber se responde ao problema da pesquisa e se cumpre os objetivos.

É o momento da análise crítica.

Exemplo

Após a coleta dos dados os discursos gravados foram transcritos. As análises dos discursos resultaram em cinco (5) proposições finais que respondem aos objetivos.

10 Conclusão

É o momento de fechamento do trabalho em que o pesquisado dá sua visão sobre todo o processo, analisa se o trabalho atingiu os objetivos propostos e quais as correlações com os autores.

Aqui também se fazem propostas para novos trabalhos e tecem-se as críticas necessárias.

Na conclusão, bem como no resultado e na discussão a apresentação escrita tem a linguagem do método que foi escolhido para se realizar a pesquisa, por isso é importante a familiaridade do pesquisador com o objeto pesquisado e com a escolha da metodologia e do método.

11 Organização do planejamento da pesquisa

É um processo em que se ordenam tudo que foi coletado como dados da literatura, anotando as referências bibliográficas e as citações na íntegra, quando importantes. Deve-se, inclusive, separar o material que fará parte da bibliografia consultada.

Lembre-se! Referência bibliográfica você usa a citação no texto, no corpo do trabalho e bibliografia consultada é aquela que serviu de apoio.

É a confecção da parte textual da pesquisa.

8

Experiências vividas

Quero deixar aqui a seguinte contribuição: Faça pesquisa usando a metodologia qualitativa.

É difícil?

Eu respondo com a seguinte afirmação: – É elaborado. É necessário reflexão para escrever, amor, paixão por aquilo que se faz, somente assim se consegue escrever com prazer e transmitir ao leitor aquilo que foi feito.

Foi muito difícil inicialmente fazer a minha pesquisa de mestrado. Tive dificuldade para sair da minha postura analítica de psicóloga, foi um processo muito elaborado compreender a minha orientadora em fenomenologia, foi mais elaborado ainda passar as informações ao meu orientador na área da saúde. Foi o aprendizado mais difícil que tive, mas foi o mais rico de todos até agora.

Revi várias vezes a minha postura, meus desejos, minhas dificuldades, minhas resistências e principalmente minhas metas. Por isso insisto: Querido leitor, querido pesquisador, enfrente as dificuldades, pois a sensação de conquista, de aprendizado, de superação é muito grande, principalmente, porque você passará a enxergar o mundo de uma forma completamente diferente.

Quando conseguimos entrar em contato com a subjetividade do sujeito, descobrimos nuances da vida que nos fazem crescer como pessoa, como profissionais, como pesquisadores.

Insisto, não há um tipo de metodologia melhor do que outra, existem situações específicas para cada metodologia (qualitativa ou quantitativa).

A gratificação de tal esforço em meu aprendizado por ter realizado a minha dissertação de mestrado em metodologia qualitativa vem dos resultados atingidos na vivência prática enquanto docente.

Hoje ministro aula de metodologia científica em um curso de pós-graduação em enfermagem e percebo que consigo com minha paixão pelo assunto e principalmente pela metodologia qualitativa seduzir o aluno a tecer outro olhar sobre o que é pesquisa e tornar-se um pesquisador.

Como responsável por um laboratório de pesquisa comportamental, enquanto pesquisadora, percebo o quanto é gratificante compreender o sujeito pesquisado pela sua própria ótica. É um exercício de sentir o que o outro sente.

Bibliografia consultada

Alves-Mazzotti Alda Judith. Usos e abusos dos estudos de caso. São Paulo: Cadernos Pesquisa, 2006; 26 (129).

Barbosa SBM. O jogo como recurso psicopedagógico na sala de aula. Monografia de Especialização em Psicopedagogia. São Paulo: PUC-SP, 2002.

Bosi MLM, Mercado FJ organizadores. Pesquisa Qualitativa de serviços de saúde. Petrópolis: Vozes, 2004.

Carmo-Neto Dionísio. Metodologia Científica para principiantes. 2ª ed. Salvador: Editora Universitária Americana, 1993.

Fazenda Ivani organizador. Metodologia da pesquisa educacional. 4ª ed. São Paulo: Cortez, 1997.

Feijoo AMLC. A escuta e a fala em psicoterapia. São Paulo: Vetor, 2000.

Freitas SM de. História oral. Possibilidades e procedimentos. São Paulo: Humanitas, 2002.

Gadamer Hans-Georg. Verdade e Método I. Traduzido por: Meurer Flavio Paulo. 6ª ed. Petrópolis: Vozes, 2004.

Gadamer Hans-Georg. Verdade e Método II. Traduzido por: Giachini Enio Paulo. 2ª ed. Petrópolis: Vozes, 2004.

Grubits Sonia, Noriega VAJ organizadora. Método Qualitativo: epistemologia, complementaridades e campos de aplicação. São Paulo: Vetor, 2004.

Kluth VS, Pokladek DD organizadores. Um olhar fenomenológico: contribuições da saúde e educação. São Paulo: Martinari, 2008.

Laurenti RB. Psicopedagogia: um modelo fenomenológico. 1ª ed. São Paulo: Vetor, 2004.

Lopes Chaf de, Jorge MSB. Interacionismo simbólico e a possibilidade para o cuidar interativo em enfermagem. Revista da Escola de Enfermagem. 2005, 39: 103-108.

Martins GA. Manual para elaboração de monografias e dissertações. 2ª ed. São Paulo: Atlas, 2000.

Martins GA, Lintz A. Guia para elaboração de monografias e trabalhos de conclusão de curso. São Paulo: Atlas, 2000.

Minayo MCS de. O desafio do conhecimento – pesquisa qualitativa em saúde. 8ª ed. São Paulo: Hucitec, 2004.

Moreira MA. Pesquisa em ensino: o Vê epistemológico de Gowin. São Paulo: EPU, 1990.

Oliveira MC. A formação e a inserção no mercado de trabalho dos bacharéis em ciências contábeis graduados no município de Fortaleza Dissertação de Mestrado. São Paulo: Universidade de São Paulo, 1995.

Ricoeur Paul. O conflito das interpretações. Ensaios de Hermenêutica. Porto: Rés, 1988.

Ricoeur Paul. Do texto à ação. Ensaios de Hermenêutica II. Porto: Rés, 1988.

Rother ET, Braga MER. Como elaborar sua tese: estrutura e referências. São Paulo, 2001.

Schmidt Paulo. Uma contribuição ao estudo da história do pensamento contábil. Tese de Doutorado. São Paulo: Universidade de São Paulo, 1995.

Turato ER. Tratado da metodologia da pesquisa clínico-qualitativa. Petrópolis: Vozes, 2003.

Índice

Sumário, 7

Apresentação, 9

Prefácio I, 13

Prefácio II, 15

Introdução, 17

1 O planejamento da pesquisa, 21

  1 Fases do planejamento da pesquisa científica, 23

  2 Teoria do conhecimento, 23

    2.1 Ciência, 24

2 Etapas de definição da pesquisa, 25

  1 Escolha do tema, 25

    1.1 Orientador, 26

    1.2 Pesquisador, 27

  2 Formulação do problema, 30

3 Título do trabalho, 32

   3.1 Variáveis, 32

4 Revisão inicial de literatura, 33

5 Projeto de pesquisa, 33

3 Etapas de escolha da pesquisa, 37

1 Desenho metodológico, 37

   1.1 Quantitativa, 37

   1.2 Qualitativa, 38

2 Métodos científicos, 40

   2.1 Método dedutivo, 40

   2.2 Método indutivo, 41

      2.2.1 O Positivismo de Comte, 42

   2.3 Método hipotético-dedutivo, 43

   2.4 Método dialético, 44

   2.5 Método fenomenológico, 45

      2.5.1 O irracionalismo/existencialismo, 46

      2.5.2 Hermenêutica, 46

3 Tipos de pesquisa, 47

   3.1 Pesquisa exploratória, 47

      3.1.1 Pesquisa bibliográfica, 48

      3.1.2 O estudo de caso, 48

      3.1.3 Pesquisa etnográfica, 49

3.1.4 Pesquisa com uso do interacionismo simbólico, 49

3.1.5 Pesquisa com uso de história oral, 51

3.1.6 Pesquisa com análise do discurso, 52

    3.1.6.1 Análise idiossincrática e análise nomotética, 54

3.2 Pesquisa descritiva, 68

3.3 Pesquisa explicativa, 68

    3.3.1 Pesquisa experimental, 68

    3.3.2 Pesquisa *ex-post-facto*, 69

4 Etapas de desenvolvimento da pesquisa, 73

1 Introdução, 73

2 Objetivos, 74

3 Definição de termos, 76

4 Justificativa, 76

5 Hipótese – pressuposto, 77

6 Revisão de literatura, 78

7 Métodos, 81

    7.1 Tipo de estudo, 82

    7.2 Sujeitos, 82

        7.2.1 Saturação, 83

        7.2.2 Critérios de inclusão e exclusão, 83

        7.2.3 Validade, 84

7.3 Procedimentos, 86

   7.3.1 Material, 87

   7.3.2 Observação, 88

7.4 Entrevista, 88

   7.4.1 Pergunta, 92

   7.4.2 Questionário, 94

7.5 Coleta de dados, 94

8 Resultados, 95

9 Discussão, 96

10 Conclusão, 96

5 Referências, 98

6 Recomendações importantes, 103

   1 A escrita, 103

   2 Apresentação oral e escrita por meio de recursos audiovisuais, 104

   3 Questões éticas, 105

7 Processo de elaboração da pesquisa, 107

8 Experiências vividas, 117

Bibliografia consultada, 119

CULTURAL
Administração
Antropologia
Biografias
Comunicação
Dinâmicas e Jogos
Ecologia e Meio Ambiente
Educação e Pedagogia
Filosofia
História
Letras e Literatura
Obras de referência
Política
Psicologia
Saúde e Nutrição
Serviço Social e Trabalho
Sociologia

CATEQUÉTICO PASTORAL
Catequese
 Geral
 Crisma
 Primeira Eucaristia

Pastoral
 Geral
 Sacramental
 Familiar
 Social
 Ensino Religioso Escolar

TEOLÓGICO ESPIRITUAL
Biografias
Devocionários
Espiritualidade e Mística
Espiritualidade Mariana
Franciscanismo
Autoconhecimento
Liturgia
Obras de referência
Sagrada Escritura e Livros Apócrifos

Teologia
 Bíblica
 Histórica
 Prática
 Sistemática

REVISTAS
Concilium
Estudos Bíblicos
Grande Sinal
REB (Revista Eclesiástica Brasileira)
SEDOC (Serviço de Documentação)

VOZES NOBILIS
Uma linha editorial especial, com importantes autores, alto valor agregado e qualidade superior.

VOZES DE BOLSO
Obras clássicas de Ciências Humanas em formato de bolso.

PRODUTOS SAZONAIS
Folhinha do Sagrado Coração de Jesus
Calendário de mesa do Sagrado Coração de Jesus
Agenda do Sagrado Coração de Jesus
Almanaque Santo Antônio
Agendinha
Diário Vozes
Meditações para o dia a dia
Encontro diário com Deus
Guia Litúrgico

CADASTRE-SE
www.vozes.com.br

EDITORA VOZES LTDA.
Rua Frei Luís, 100 – Centro – Cep 25689-900 – Petrópolis, RJ
Tel.: (24) 2233-9000 – Fax: (24) 2231-4676 – E-mail: vendas@vozes.com.br

UNIDADES NO BRASIL: Belo Horizonte, MG – Brasília, DF – Campinas, SP – Cuiabá, MT
Curitiba, PR – Fortaleza, CE – Goiânia, GO – Juiz de Fora, MG
Manaus, AM – Petrópolis, RJ – Porto Alegre, RS – Recife, PE – Rio de Janeiro, RJ
Salvador, BA – São Paulo, SP